U0170567

Spirit through Democratic
Design Shaping Urban

On Visual Construction
of the City Image in China

用民主设计塑造城市精神

论中国城市形象的视觉营造

韩绪 著

中国美术学院出版社

献给我的父母

韩偕

自 序

　　2015年2月1日，只因"爱上一座城，不需理由"这一句话莫名地冒出脑海，我用两个月时间，颠覆已经打磨了两三年的原初框架，"狂乱"地完成了本书的内容书写。因其时短，还能有一些鲜或活的，至少是不死的东西。当然，正因为其耗时短，所见亦必不甚长，如一棵树苗少了培养和修枝，或如工艺品，其耐看和耐品之度定是有缺。

　　这也是完稿后的这五六年间，我不太有勇气和心胆再次打开看它的主要原因。写文字这件事，有如下棋，落子无悔。我是特别怕改自己文稿的，尤其是讨厌在电脑软件里修改，一直不能认同那种替代或删除式的切割、嫁接和缝合，反而更倾向于"批注"式的评、疏、引、释，这是中国古人常用的手法，同时也是今时今日弹幕的核心价值，即与原文、原影声形成并行和互文。因有此心思，2017年我曾试用加入疏评的方式，进行了一次评点式修订，算是加了一层自己当时认知的"幕"。那么，时又隔三四载，本篇自序小文就可当作今日所思而附在原文上的第二层"幕"吧。

一、公共生活，个体生命

生存不是人类存在的最终价值，那不足以支持和支撑我们走完这旅程。

如果简单将我们的生活以百分记，那么前六七十分是生存的范畴，后三四十分是生活的范畴。之所以称这样的划分是简单的，是因为这整个的百分基本上是事物的、物质的。

而生命不能被固化在这个百分之内，它是俯瞰和笼罩式的，可以在任意分数切入，一旦切入则伴随生命主体较长时间甚至终生。换言之，对生命的思考，犹如随时可抬头望月，贫富贵贱不论。孔子曾艳羡无比地夸奖颜回的"箪食瓢饮，不改其乐"，这也是跳脱生活，跳脱理论，直接谈更高级的生命意义。

生活和生命，都有公共和个人之分，即公私之分。

公共生活，在古代中国，即府衙、宗祠、村前晒场、大树、井台、河埠、街头巷尾，儿时记忆中的里弄、天井、广场、公园；今日有主题乐园、线上朋友圈、虚拟的像素大战、横亘在话题圈的"元宇宙"，这些公共生活，你有时是主动的，可以选择加入与否，有时却是被动的。

个人生活，有如苏州私园，其中充满了心灵宇宙的跳脱感，让自己活在自己心里，这是一种高级的感受。相较于皇家园囿如艮岳、颐和园而言，这种高级还没有被超越，后世的枯山水、盆景、花道……均是它的切片零售而已。

"中国人他们完全地或者说几乎完全地过着一种精神生活。中国人全部的生活是一种感情生活……它不是来自身体器官意义上的感觉，也不是你所说的来自神经系统意义上的激情，而是情感或者人性友爱意义上的感情，它来自我们的本性的最深处——精神和灵魂。"这是辜鸿铭百年前总结的国人精神的春秋大义，可惜百年来在精神与灵魂层面上向前推进得不多。

对生命的观照，应该也必须是大而全面的才行，指的是对全部生命的观照，不仅是人的个体一生，还包括对人类种族的全体生命，更包括对我们已知的全部生命体共同集合成的大生命，与"众生"义近。庄子笔下闪灭的"朝菌"与胡汉和亲的"昭君",同样是塑造我们生命、感悟我们生命的有意义的观照。前者是不自知地用生命来激起我们的体悟,也比后者更众生。只有这样,才能如1990年费孝通的十六字箴言所说"各美其美,美人之美,美美与共,天下大同",这个大同,应该就是指大而全。

二、小大有别,城乡一体

城市之于中国,正如城市生活之于中国人。

城市在中国尚属新生,中华人民共和国成立初期,城市与农村人口之比约为一比九,70多年后,城市与农村人口之比已趋六比四,这仅仅是数据和比例上的,仍作不得数。

我们还是用生活方式来衡量,会看出一些端倪。"到城里去"往往出自生存需求和机遇的考虑,更确切地说是人在青壮年期"打拼"的驱使,为的是自身价值、家庭长远、子女未来,但深究均是"为他",而并不真的是"为己"和"为心",若论最向往的生活,打拼过后,几乎所有人都会倾向于"生活在小城"。

为什么会是小城?因为生活并不在大城大都,那里有的只是机会,没有生活。有这么一句话:要想孤独,到城市；若想热闹，到农村。看似是悖论，却讲清了当前城市生活的生硬和不适。另外一点，为什么是小城？因为它更接近乡村乡土，更接近我们心中的那座精神"私园"。

仔细想来，可以提出一个假设，即我们尚未学会如何进行城市生活，或者说并未建立起一种中国式城市生活的逻辑、理论、系统。我们在城市生活中目前使用的，表面上受业主委员会、交通法规、治安条例、垃圾分类规则、公司劳动法规定、入园入托入学门槛等系统规范的制约，但是，真正起作用的仍是老乡、家族、家庭、人情和关系，这些则全部来自从前的农村，我们正在努力构建的新型养老、新型邻里建设工作，原型同样源于农村乡土社会。

小城市生活为何是首选？因为它可能是进退之间、公私之间较佳的结合点，有城市的功能，同时有乡村的亲近；有交通的便利，而无堵车烦恼……

浙江省、江苏省是全国经济条件较好的"优等生"，除了中心城市逐步变大之外，我们不能忽视一点，就是两省的城乡差别也都在缩小。对其进步与否的评价不应该是超级城市的点状爆发，而更应该是整盘的提升，也即目前国家在浙江省先试先行的"浙江高质量发展建设共同富裕示范区"。

我们的城市生活如何建构、如何升级？也许也可以分几步来完成，即以小城市作为样本开始我们的生活系统构建。物质基础作为功能建设，伦理、情感、精神作为构建其上的"软核"，此时，艺术、设计作为有效基因就有了生长土壤和生长目标。

三、未及知往，迫于计来

当今这个时代，所有事物更替的速度实在是太快了，是的，所有事物，都是如此。没来得及认识，就不得不遗忘。知识没机会形成体系，技术没时间沉淀成技艺，理论没条件上升成哲学。出自《共产党宣言》中的那句"一切坚固的东西都烟消云散了"，在这个时代被验证，同时被大大超越，即有形的、无形的都在快速生灭。

当今这个时代，所有事物变得过于扁平，是的，所有事物，都是如此。全世界可能同时在关注同一条新闻，仿佛没给其他新闻以发生的机会；大家同时刷着同一条短视频，交流着一样浅白的表情和槽语；大家假装对同一个社会重大问题表现出真实的焦虑，其实是怕自己在信息刷新上落伍；原本在不同分类中的事物，如景色、食物、技艺、回忆、经历，都瞬间变成一样，都成为整齐划一的，可以被打的卡、被晒的圈、被吐的槽。

　　城市建设和发展不是一蹴而就的，改变人民生活的理想发展趋向也不是立竿见影之事，越是在扁平的大环境中，反而更需要我们以立体的系统观来做出分析与评判。孔子提出的君子修身"磨而不磷，涅而不缁"的琢磨之道，今天看来不仅适用于个体，同时也适用于我们对这个变动的大时代的判断。

韩　绪

2022 年春夏

间断撰写于杭州余杭向善楼和西湖求是村

目 录

引 言

一、研究缘起

城市，我们需要用一种什么样的途径去感知它呢？很多时候我们并不会深究这个问题，因为作为个体生存和徜徉在城市之中，感知的途径是多元的，而收到的感知反馈又是多样的。但当个体对一个城市给出"美好"的结论时，则多半是缘于他的视觉体验。

今日回看，视觉倒并不是全部或主要，综合之体验应是吧。

从视觉层面对城市与生活空间进行判定与思考，虽然不够严谨与周密，但它够直接，更接近城市人群的真实感知，可以作为对现有规划与设计提升的辅助判定。城市的现代性，不是以其城市化程度的多少而决

视觉仅不失为一种直观之法。

3

定的，也不是因其规模大小而决定的，更不是以其经济实力与政治地位而决定的。真正决定一个城市现代性的主因，是该城市对个体的关怀、对自然的敬畏、对规律的有效利用，城市把生活放在首位，去除阶层藩篱，成为可以自由徜徉与流转其中的人类生存空间，真正在视觉和心理上传播出来的自信与包容，才是真正的悦目与赏心。

城市，在其初建之时，存在一个聚合的过程，由人群因生存、居住、贸易而聚合并不断扩大、充实，逐渐真正地形成一个独立的完整体。如果我们将城市的幼年时期外化成视觉形象的话，它是柔软、向心、包容、单一、脆弱的，很接近我们熟识的细胞体。

对初具规模的城市，我们可以用审视青年的视角来看待它，它仍旧保持着聚合的力量，但这并不是该城市发展阶段的主旋律，随之而来的是封闭和防范。这在中世纪的欧洲尤其明显，中国亦有类似阶段。封闭主要表现为政治统治的封闭和随之而来的建筑形态、规划思路上的封闭，在视觉形态上已有非常明显的标识和烙印，如街道纵横，既保持交通流动的速率，同时兼具防卫、阻挡甚至迷惑的预设。而在具体道路设计中，将建筑与城墙结合，除去显性交通线网外，往往还暗含一条或多条防卫通道，以便于城市居民防御、攻击和逃跑。在后世的建筑、道路、城区规划中被有效延伸,如区域道路设置经常会出现多个维度:人行、车行、消防等功能分野,均是由青年期的城市发展而来。

这一时期的城市,扩张和防卫的功能兼而有之,厚重的城墙、缩小的窗口尺度、加固的入口和并不开敞的公共空间。城市的布局规划也未能从幼年时期的单一中心模式中走出来,中轴线、中央区这些城市内核和主脉统领着城市规划。我们再从视觉外化的方式来观照城市的青年期,会发现它虽单一但却具备完整性和系统性,包容与排斥各半,发展与限制各半,格局影响力开始显现,逐步改变、呼应着政治走向,引导着经济,正向、反向地刺激着文化,在视觉心理上更刚硬、坚固、稳定,具有物理感和距离感。城市的向心性非常明显,单中心的向心感更强,包容性同时被减弱,形成了完整的肌体。(这也是形成今后城市国家的主因,正是缘于它的城市完整性,甚至已经与一个国家的体制相当。)

基于这时期的特殊性,我们对城市的观察方法也应做些改变。当一个事物足够完整,那么在研究它的内部结构和联系之外,这一完整单体在更上层的宏观维度中,与其他同样完整的单体和关系如何，即城市间的关系，这是我们作为研究者，在该层级必须去面对和思考的。

以古代战争为题材的游戏，往往取材、取景于这一时期的城市。

这成长时期的城市，单位上过于完整、过于独立、过于自给自足，这一时期，也是城市发展历史上城市等同于国家并且城市的独立性、排他性最强的阶段，在这时的城市世界中，城际交往变得屈指可数，相互之间的影响也甚微，该时期的视觉文化图景是冲突、潮冷、浑浊、戒备、武力、短寿、信仰单一。

文艺复兴使欧洲城市从肮脏、黑暗、狭窄的束缚中逐步摆脱，人，这一社会中的单体在城市中被凸显，人性以及人权也逐步被重视，自此，个体终于逐渐显露于城市视野。

人性提升需要思想理论的前设，同时更需要后期实践与实施。文艺复兴300余年后的19世纪中期，当时塞纳地区的行政长官乔治·欧仁·奥斯曼操刀的城市改造计划，使这一思想在城市空间中完整实施，并成为真正具有划时代意义的事件，并在城市格局上做出了根本性的改变。之所以称该计划是根本性的改变，是由于奥斯曼完全无视中世纪城市的已有格局和程式，把城市当作一张白纸来进行重新规划。

6

虽然，在100多年后的今天，对奥斯曼计划的评价和争论仍处于两极，焦点在于他对城市中文艺复兴遗存的保留问题，但他所营造的巴黎无疑是欧洲新都市、新社会、新经济、新生活的典范，这一点上，争辩双方都是认同的。以至于后来的建设规划者们，也同样延续奥斯曼的造城思路，进行了多轮新的城市更新，以巴黎拉德芳斯新区为例，它很好地将巴黎的现代性与传统性相结合，制造出一种不断自我更新的永续城市生长态势。

在这些大都市计划中，不可忽视的还有梁陈的"梁陈方案"，以及包豪斯门徒鲍立克所做的"大上海计划"。

这时期欧洲城市的视觉属性也随之发生了改变，城市的视觉整体性提升了，开放性和包容性也同时在均衡提升。近100年来的城市发展与城市规划理论不断叠加、共同演进，"大赫尔辛基规划""大伦敦规划"，以及芝加哥、西雅图的灾后重新规划建设，使城市视觉的整体性几乎达到了最高峰，城市从未如此完整和有机，秩序、关联、开口、永续成了主题词，工业进步、材料革新、汽车社会、太空探索所带来的无限的发展空间，刺激并激荡在城市之中，保守、分割、内敛的城市不复存在，代之以憧憬与包容。

20世纪60年代后，城市已经成为发达国家的社会主体结构，部分国家的城市化率已经接近90%，个体与城市间的博弈关系也发生了微妙的变化。资源消耗增大、城市弊端激化，使人们开始重新思考城市、自然、人三者的关系，甚至出现一股反城市化的潮流。这时期城市的视觉文化图景则表现为膨胀、极致、消耗、分离、两极、激化、审视、自省等。

二、研究立场

而今回想这段经历常以用法除原专业盔甲，赤身进入城市"来形容。至今仍对来寻的"剥除"心存感激。

　　为什么我要站在视觉设计的立场，并以民主设计的思路去讨论现代城市精神的问题呢？这还是要归结于我个人的专业成长经历和我与城市设计的不解之缘。

　　自2007年起，有着视觉传达设计专业背景的我跟随我的老师宋建明教授，参与了杭州城市LOGO的全球征集、评选、修改完善工作，杭州城市街道视觉形象提升设计工作，中国2010年上海世界博览会中城市生命馆的城市肌理展区设计工作；主持了杭州交通信息视觉系统设计、杭州西湖风景名胜区导视系统设计等工作。虽然我原本的专业方向是视觉传达设计和多媒体设计，都是与社会密切联系的设计学科，但最终与城市设计有如此多的关联，还是让我始料不及。

2007年迄今，我的设计实践和设计研究更加贴近城市，这十几年，也正是中国城市化进程起步并开始加速的时段，城市对设计的需求和重视也从未如此之高、如此之主动。我的精力主要投注在城市形象视觉营造、城市色彩设计、城市交通信息视觉系统设计、城市街道视觉秩序建立、建筑立面改造提升、城市公共设施设计与规划、城市公共服务机构形象设计、城市公用交通工具视觉设计、城市节点空间视觉设计、城市公共艺术品规划、城市户外广告设置规范制定、城市公共空间多媒体传播媒介设置规划、特色街区店招店牌整体规划等分支领域。除杭州外，我还同时在全国多个城市进行设计实践和设计咨询。

在这个密集实践和全情应对城市新设计问题的时段，我体会到设计，尤其是视觉传达设计在今日城市空间、城市生活有机提升中的专业价值。我也发现固有的、相对狭窄的、封闭的专业分野虽然使专业更"专"，但应对像城市这样复杂的"问题集中体"时，会觉得心虚和无措。期间我主动将自己的设计视野和胸怀放大，对城市设计相关的专业领域如城市学、建筑学、社会学、人类学、美学、心理学、符号学、管理学、规划学、经济学等学科的理论进行探索，同时也将自己主动融入城市设计和城市设计问题的根源里去，充分解读和领悟城市设计委托的意图，深入调研被设计领域、场地、材料等固态条件，对涉及的人、事进行观察、访谈，设计成果需经反复测试和接受反馈。

这个阶段是令人兴奋的，但也时常令我困惑。兴奋来自社会需求的持续旺盛，困惑和担忧则来自缓缓建立的设计原始自信。这自信是缓缓的，不带功利的，称其原始，是因其原本就在，可这自信源自何处？那原本就在的，渗化在空气中的那种自信，是什么？

转变的时机也在这时到来了，我因前期从事有关城市设计的工作取得的成绩而被派遣至浙江省慈溪市自然资源和规划局，挂职任副局长一年。这历时两年的工作经历实实在在地改变了我，改变了我的城市设计观，今天看来，这段经历对我弥足珍贵。

慈溪是中国城市化进程中难得的样本，甚至可以这样说：在今日中国城市化进程中，所有城市（大、中、小型城市）和农村（富足的、贫困的）所遭遇的种种问题，在那里都有。新城建设的高速度、旧城改造的高难度、交通困境快速出现、城中村快速增加、农村的信仰缺失、本地人口外流和外来人口涌入、劳动密集型产业转型和特色农业的平衡、大城市的人情疏离、小城镇的人情亲密、生活质量与 GDP 的冲突、经济发展与自身文化特色的留守等问题，非常鲜活和真实地错杂在这座城市之中。

新的工作和新的身份，必定带来新的体验和新的思考，我经常坐在和设计者"对立"的座位上，至少中国的会议桌安排往往如此。设计者认为我的出现会更有利，源于我也许更理解那些"创造性"，因为我是一个懂设计的"官员"。决策者也欢迎我的出现，因为我比其他设计师要更了解"流程"的苦衷和实际操作的两难。

对我自己而言，到底应该以一种怎样的立场和角度去重新认识城市，去建立我的设计观，去准确把握城市的精神核心？有一次，看胡汉民在评论戴季陶的《日本论》时说道："大抵批评一种历史民族，不在乎说他的好坏，而只要还他一个究竟是什么和为什么这样。季陶先生这本书完全从此种态度出发，所以做了日本人的律师，同时又做了他的审判官，而且是极公平正直不受贿托，不为势力所左右的律师审判官。这一种科学的批判的精神是我们应该提倡的。"[1]突然发现，这可能就是我需要找到的平衡点和立场。

这样的双重视角，从初始时的纠结缠斗到现今的和谐相辅，逐步在我目前从事城市设计和城市研究的过程中成为主导，像设计思考的"双子座"。所以，它们也必然会在本文中经常交错地出现。

视角的增加和工作的原因，使我有机会接触更多的城市人，人的层次、数量都远远超过以前，从中我惭愧地发现以往的设计观显得片面和单薄，曾经对设计服务对象的考察和研究如此轻率，还有以往武断的设计落点和夸大的设计自信也让我汗颜。

设计者的自省是不断会来纠缠的，今日回看时亦然。

本文为什么不涉及农村而仅谈城市？我的观点是：城市和农村二者诚然不可分开进行思考，但思考问题和解决问题的路径必定会存在不同，各有侧重。在今日农村被城市包围、人口被城市吸纳的背景下，城市问题将会被推到首位，然而，不放弃对乡村文化、伦理与精神的保护和传承同样必要。故此，本文以城市问题为主进行论述，其中的一些共性问题其实也

---

1 戴季陶：《日本论》，中国香港：中国香港中和出版有限公司，2012年，第9页。

涉及并可应用于农村，同时也在文章中分享了我主持的一个农村文化礼堂营造案例，以期对城市精神与生活伦理有积极的侧面补充。

未来，城市与农村更需统盘考虑。

三、研究的终极理想和所面对的问题

城市，对于人类来说，从最早聚居、栖身的空间概念，逐步演化为物理层面上的防御结构、等级壁垒；宗教层面上的精神归属、信仰外化；政治层面上的国家机器。在各个文化、民族背景下，每个个体均建立起一个心理上的城市概念和图景，它是如此的非物理性，它有着多元复合的内涵，它是人类生活的实际高点，是生活向往和终极生活哲学的附着母体。

城市中实际上包含了人类所有的理想，不管它们是否可以、适合或已经在城市中实现。

城市，是一个奇特的人群聚合尺度，它比"家庭"要大，比"国家"要小，当人们用简单且极端的二元论来思考个体和整体时，往往会忽略它的存在。

对城市的研究，最终一定会落实到对城市精神的研究，这个研究工作与城市一样，是复杂的、多线程的。既需要以文人志士的才情和感性来寻找城市精神，不能流于受性情趣味左右而一厢情愿地自说自话；又需要以政客官员般的老谋深算来解读城市精神，不能因为过于现实与务实而将复杂问题功利化、简单化。恐怕需要兼具这二者之长，才能既入乎其中，又出乎其外，号准城市精神之脉。

"城郭""城池""城阙"等词是中国传统中对城市物理范围的标准界定，城墙仿佛就是城市的外壳和终点。但随着研究工作的逐步展开，我发现城市的心理边界已经远不是中国先人们构筑的那样，甚至可以说是无法用物理边界来容纳的，对其思考和设计也变得更弹性、模糊与包容。

对城市视觉设计的解读、分析以及对未来城市视觉设计提出设想和方法，为什么要使用"格城"二字，而不是使用"构城""营城""塑城""筑城"这些更具动感的词语呢？

之所以弃用以上这些表述词，是因为"格城"一词，既是方法，也是态度。"格"，来自《礼记·大学》中"致知在格物"与"物格而后知至"，有"穷究"的含义，指探究事物的道理和纠正人的行为之意。

在探究事物道理的研究工作中，本文正希望通过这样不留遗漏、不遗余力地穷究，找出人们对城市生活理想的核心诉求，梳理人类在城市生活方式理论及实践层面上的种种创造、尝试和修正，界定中国城市化进程在人类城市进化历程中相对应的阶段，对比和借鉴发达城市已有经验以期为我所用。

熊十力提出"分门别类究其理"[2]。王阳明指出"无善无恶是心之体，有善有恶是意之动，知善知恶是良知，为善去恶是格物"[3]，指出格物便是立明本心，为善去恶，知行合一。那么，对于我们生存、生活并进步于其中的城市，我们需要树立什么样的本心，如何去辨明是非，再如何去谨慎、明达地将已辨之知践之于行呢？

本文不是一部严丝合扣的城市规划方法论，也不是顺应应急政策而作的实操理论。中国的城市化进程如此地快，快到来不及分辨、来不及思考，快到连现有问题都没看清就需要去解决新问题。古人有云"谋定而后动，知止而有得""好学近乎知，力行近乎仁，知耻近乎勇"[4]，但真正的"谋"和谋定之"动"又何其难！在中国城市化的进程中，

---

2 熊十力：《原儒》，长沙：岳麓书社，2013年，第25页。

3 [明] 王阳明：《传习录》，北京：中国画报出版社，2012年，第264页。

4 《大学·中庸》，王国轩译注，北京：中华书局，2006年，第96页。

有太多的困难会遭遇，有太多的问题需要去思考，我只将民主设计和城市精神放在视觉设计领域进行讨论和辨析，聚焦在城市视觉营造的软性层面上，希望本文也可堪称有所"谋"，能对中国城市成长有所助力。

第一章

格城致知
城市的理想、希冀、意象、冲突

一、城市发展历史中的营造理想和生存哲学

在深入地探讨任何城市问题之前，非常重要的一点，就是对已有关于"城市发展史"的文献充分阅读和掌握。在这些文献当中，又尤其以近现代学者和哲人对百年来城市历史的著述为重点研读对象。之所以如此定位，正是基于现代意义的城市发端于19世纪末期并激发和产生了现代城市文化和社会哲学的事实。

另一方面，我希望以穷究的态度，站在今日城市发展的角度去重新解读这些经典。之所以如此，是因为我们对这些经典一知半解，有很多的误读，正如刘易斯·芒福德在为埃比尼泽·霍华德的著作《明日的田园城市》撰写的

导言中所说:"经典著作通常遇到的不幸:既受到显然从未读过本书的人的斥责,有时又被对它一知半解的人接受。"[5]

我不是社会学者、人类学者和城市规划师,无法完全站在社会和人类的角度去奢谈城市设计与发展,但我本次关于城市精神与民主设计的研究,希望借鉴社会学、人类学、经济学、哲学的有益理论,在城市形象的视觉有机提升和柔性设计哲学上有所突破和建树。

近日读马克思《资本论》原文,发觉本文撰写时对经济学之了解尚属肤浅。学无止境。

1. 城市与文化

芒福德所著的《城市发展史——起源、演变和前景》一书,几乎被公认是城市史中应首推的重要著作。但很多学者虽然认同芒福德该书理论的历史地位,在谈及他本人及他的这部著作时,往往按照历史进程将其放在城市发展理论的中期或中后期。究其原因不外乎两个:其一,该书的成书时间在1961年;其二,芒福德是城市理论先驱帕特

---

5 埃比尼泽·霍华德:《明日的田园城市》,金经元译,北京:商务印书馆,2000年,第9页。

里克·格迪斯和霍华德的后继者。在本文中，我有意将之突出为首要的原因在于他的理论虽然产生较晚，但这期间人类社会经历第二次世界大战（下称二战）、经济大萧条，对已有社会文化（工业文明）有深刻反思，多元城市文化（或称为生态文明）正在勃勃新生，对于今日及未来城市研究，其理论显得更成熟，更具参照意义。

芒福德的贡献在于将城市发展、人类文明演化和文化进步紧密联系在一起，他首次将软性的文化放置在城市发展的正弦曲线上进行探讨，而不是以一个城市场所营造者的身份在论述，这使得将城市仅作为人类栖居、繁衍、交流的场所理论所持者显得苍白和单薄。

芒福德有对城市的精辟归纳："人类文化进步的主要表征，一个是语言文字，另一个就是城市。"[6] 城市像人类的文字一样，可以促使人类进化，这一观点将城市文化（或称城市文明）推到了前所未有的高度。具体体现在，他将城市定义为人类文化的进化，这一观点将城市文化推到了前所未有的高度。具体体现在，他

这里的语言文字，可以延伸解读为"母语"，是真正对人之一生有影响的决定因子。

---

6 刘易斯·芒福德：《城市发展史——起源、演变和前景》，宋俊岭、倪文彦译，北京：中国建筑工业出版社，2005年，第14页。

21

当然，"容器"的观点已不适用于今日的城市。

将城市定义为人类文化的进化容器，每次人类文化的蜕变更迭，都发生于城市这一容器中。芒福德以几千年人类进化史中的重要变革节点作为例证，反复证明了其观点，同时也体现出他治学的严谨和学识的渊博。

芒福德关于城市理论的学术思想特色是整体论，他是用哲学家和艺术家的眼光去审视城市，这是他理论中最重要的部分和核心价值所在。芒福德不仅仅讨论了城市的建筑问题，其实他是真正将城市与社会、文明、文化放在一起综合研究的集大成者。虽然他的一句著名评述经常被引用："通过局部去了解一个事物，那是科学；而从整体上去把握它，则是艺术。"[7] 但这并不代表芒福德仅以艺术观点去看待城市，他在讲到如菲狄亚斯这些艺术家和艺术在城市中的作用时，清晰地指出希腊城邦真正的价值并不仅在于其艺术成就，而是在于雅典人真正勇敢地正视了人类精神和社会机体之间的辩证不分的关系。他认为早期人类的信仰精神是城市的内核，社会机体是内核所展现的人性化景色，可见芒福德的艺术二字其实拥有更广泛的综合内涵，这样的整体论非常值得今日的城市研究者关注。

---

7 同上，第 13 页。

芒福德同时还是对工业文明和机械文明明确的批评者，他是生态文明，更确切地说是人类核心文明的倡导者。芒福德的理论成熟于工业文明的成熟期，虽然当时的工业文明已经不像初期那样粗放和遭人诟病，但他还是始终在其理论中保持了对人性、自然的崇尚，他将自然和人性评价为万物发展的必然归宿，他曾指出"城市的主要功能就是化力为形，化权能为文化，化朽物为活生生的艺术造型，化生物繁衍为社会创新"[8]。正是由于芒福德的理论贡献与倡导，使得其理论推出后引发世界范围内关于这两种文明的讨论和反思，也成为今日民主城市、人性化城市、生态城市、绿色城市等城市理论的良好铺垫。

活态的、主动的城市。

正是因为有芒福德理论的存在，城市建造和城市发展开始增添许多软性的成分，他非常注重城市的不可见成分的传承："贮存文化、流传文化和创造文化，这大约就是城市的三个基本使命了。"[9]可见，我们今天经常提及的城市的文化性也曾见于芒福德的理论。

创造文化的使命历久弥新。

---

8 同上，第582页。
9 同上，第295页。

2. 城市与进化中的未来

格迪斯的《进化中的城市 —— 城市规划与城市研究导论》成书于1915年，虽是百年前的城市研究著作，却一直被国内翻译者所忽视。由于该著作不断出现在各类城市研究的参考和引述中，使得它的光芒和地位始终不减。非常遗憾的是直到2012年，该著作才首次被全文翻译成中文出版。

激发格迪斯提出城市理论的原动力，是英国老牌工业城市的集体衰落。学界经常以他"发现大城市扩大蔓延的现象，并提出组合城市（conurbation）的概念"作为格迪斯理论的重要影响和主要贡献；我却不这么认为，我认为格迪斯在理论上的贡献有三项。

第一，强调城市研究调查，强调"城市研究"。格迪斯作为政府智囊团成员参与德国城市建设考察，其考察内容和重点也与通常意义上的不同，值得中国现今的城市管理者参考。

格迪斯的考察目的不在于对已有经验的继续积累，而在于通过考察，发现城市建设与其他影响因素的互动关系，这些影响因素涉及政治、经济、法规、艺术、社会、人文、历史等。他发现德国那些并不大的城市和城市组合里有着比英国那些似乎更发达的超级城市更好、更协调的关系，可见格迪斯主张的考察更在意发现城市进化中的种种"关系"。关于发现和认识这些"关系"的重要性，他是这样表述的："虽然我们仅仅处于解决精神和艺术上小事情的时代，然而确实担负着重大的责任。"[10] 正是抱着这一思路在观察城市，格迪斯发现"在所有国家，许多人正在注意处理公民权利的实际工作。从古典或中世纪城市的黄金时代开始，的确从来没有像现在这样如此充满兴趣和善意"[11]，即公民与公民权利在新城市中的兴起和进化。

第二，格迪斯很早地认识到塑造城市个性和精神的重要性，因为他预见到简单的工业化和社会化势必会导致城市趋同发展，指出这样"缺少对城市个性和精神认识的提高、深化和广泛传播，城市规划和改进方案计划至多只是让那些上代人非常容易满足，而我们今天正在彻底放弃对'行列式街道'的重复而已，最终无非像贫民窟，在某

[手写批注：虽是进化论者，但他不以简单的"发达先进"来做判定，是他可贵之处。]

---

10 帕特里克·格迪斯：《进化中的城市——城市规划与城市研究导论》，李浩、吴骏莲、叶冬青等译，北京：中国建筑工业出版社，2012年，第175页。
11 同上，第150页。

25

些方面讲就是简单标准化的牺牲品"[12]。他同时指出"我们的工业只是为了维持和加重我们的贫穷而单调的生活"[13]，这样的观点出现在工业化社会初期实属难得。

第三，如其书名，格迪斯受当时流行的进化论影响颇深。他以进化论为其理论的思辨主线，认为城市也是如生命体般，有主动有被动、有人为有自然、有必然亦有偶然地进行有序进化。他常常用生态学的语言去描述城市现象，如"十分简陋的街道、简陋的住房及发育不良的生命"[14]"由于浪费性工业和掠夺性财政——结果是，(a) 能量的浪费，(b) 生活的恶化，……赤裸裸的奢侈和享乐，而且很容易反映在道德上"[15]。这一点看似司空见惯，但对今日中国却是大有裨益。虽然我们口头上经常提及循序发展、科学发展，但面对巨大的落后和落差时，中国往往选择急切的跨越式发展战略；心情虽可理解，但单向地强调某一端，尤其是人的过分作为这一端，会为今后的有机进化留下很多隐患。

---

12 同上，第 175 页。
13 同上，第 41 页。
14 同上，第 37 页。
15 同上，第 40 页。

正是受进化与平衡关系的理念影响，格迪斯在思考城市问题时，始终不离乡村问题，对二者进行同步思考，他察觉到乡村的衰退，他发现"农业在衰退，由于乡村生活的恶劣，相应的技能和艺术，乐趣和精神，以及真正的健康，都在衰退"[16]。

除以上三点外，格迪斯对于今天城市研究和城市思考的重要贡献还在于，在大时代面前，他对基于新技术的未来城市进行思考。由此也可以看出，我们认为格迪斯是工业化的反对者的观点是一种误判，其实在他的理论中并没有直接否定工业化的进步性，而是本着进化的观点看待整个城市问题。

在格迪斯的时代，他已经提出人们"阅读"城市的方式是趋于固化的，也是被挑选的。他在导论中谈到："一些精心挑选出来的风景明信片，将会在大多数人的脑海中产生比真实的美景更为深刻的印象。……我们已经成为半盲人。"[17] 这一思考角度同样是非常难得的，因为这可是格迪斯在所谓"图像时代""读图时代"到来近

今日阅读城市已成"导航时代"，格迪斯的提醒更显珍贵。

---

16 同上，第41页。
17 同上，第10页。

百年前就做出的预判，足见其敏锐和犀利。

格迪斯首次提出了"世界城市"的概念，并已经预见到了城市竞争的开端，清醒地看到英国这些老牌煤炭工业对黑色资源（即煤炭，格迪斯称伦敦是"黑乡"）过分依赖，使得城市发展走上"绝路"。而挪威大量利用水利和潮汐（被格迪斯称为"白煤"）作为新能源，使得城市走向进化的新一阶段，不仅仅在于能源的更新，更让格迪斯感到紧迫的，是这些城市正在"开始着手文化城市（culture-cities）的发展，这已经在生活质量和文明程度上相当领先于我们"[18]。对于像伦敦这样依赖煤炭的城市，格迪斯有一个恰当的比喻："这就像依赖于果酱瓶的沃土，在某些时节奇迹般地发展，到最后却只有一个拥挤而蓬乱的菌类外壳，充满着对生活的渴望，满载着无数的孢子，但果酱已经枯竭。"[19] 他又指出："在已重新开始的世界生存斗争面前，即便我们只是想'混过去'，我们也必须需要做得更多；我们认识到，社会生存和胜利的最终裁判，既不在于军国主义的斗争，也并非工业的混浊状态，而在于城市和

---

18 同上，第42页。

19 同上，第29页。

区域的重新组织。"这些观点的产生，从另一个侧面再次证明了格迪斯前期进行城市考察的必要性和重要性，基于对各种城市影响因素"关系"的梳理，才可引发后期理论的"重新组织"。

如何将旧的优秀传统延续到未来，格迪斯提出了"城市大学"概念，把社区作为可以应对宗教、政治和文化三个不同层面的综合体，这也是他心中的城市大学。他以位于切尔西的克罗斯比教堂重建为大学宿舍为例，说明城市规划如何兼顾过去生活、具备日常效用并为将来做了开放性的准备。这些城市文化变革虽看似微小，却成了今日世界城市创造个性文化的主要途径。

3. 城市与平民自觉

彼得·霍尔及其城市思想史理论，也许是对过去的20世纪城市规划史的最全面文献综述，虽然并非是完全独立的理论建树，但霍尔用自己的历史立场，鲜明地向我们揭示了人类城市历史的复杂性和多变性。霍尔的著作成书时间相对较晚，论述截止到20世纪90年代初期，这时全球数字化的浪潮已经兴起，故此，霍尔理论涵盖了三次重要的产业革命，并将基于信息社会的城市研究成果纳入其中，其内容的断代相对其他城市思想理论也更加完备和丰满。

霍尔始终站在一个更宏观的高度来整体看待城市问题，没有把自己陷入技术和细节之中。反之，他主动把城市从简单的规划、环境、建筑领域中剥离，放在更宏大和完整的社会、经济、政治、文化领域中去进行剖析，如他所言："城市的规划总是与城市的问题很微妙地交织在一起，与城市的经济、社会和政治问题交织在一起，并且反过来与现时的整体社会、经济、政治、文化生活的问题交织在一起。"[20] 也正是因为此，他的理论从未从脱离思想史的轨迹。

霍尔将城市设计的历史阶段分为：田园之城、区域之城、纪念碑之城、塔楼之城、自建之城、公路之城、理论之城、企业之城、褪色的盛世之城和永远的底层阶级之城。从分类方式与界定命名方式可以看出他的理论视野是广博宏大的，同时我们也可以读出他的审慎和逻辑，他在一些历史阶段中也有非常强烈的评判意识，譬如在"塔楼之城"

---

20 彼得·霍尔：《明日之城：一部关于 20 世纪城市规划与设计的思想史》，童明译，上海：同济大学出版社，2009 年，第 6 页。

章节对勒·柯布西耶流派严厉批评。

对柯氏造城理念的批判，也代表着霍尔并不是站在所谓社会主流的中产阶级立场思考城市问题，"柯布西耶式的解决方案，所有这些都没有考虑真正的批评，也就是它们只是强加给人民的设计解决方法，而没有考虑他们的喜好、生活方式或者一般特征"[21]。他心目中城市的主体是人民，他批评的源头是对人民特征的忽视和设计强加，这对今日城市的设计管理仍具有非常重要的参照价值。

霍尔理论同时谈及了城市更新的诸多失败的典型案例，这些也是在其他学者论述中较少出现的，如1955年美国的圣路易斯市的获奖项目——普鲁伊特·艾格（Pruitt-Igoe）在建成后的第17年被爆破拆除，以及20世纪50年代至20世纪60年代建设速度惊人的两个失败案例：印度新城市昌迪加尔建设和巴西的巴西利亚城市重建。表面现代的城市，实际成了新阶级疏离的极端表现，这些失败被霍尔归结为对底层人民的粗暴和隔绝。但像这样失败的"现代城市"仍被翻版应用于当今世界的发展中国家，尤其是中国。

2016年巴西利亚城市规划被评为世界遗产，一并获评的还有柯布西耶的所有建筑作品，看来霍尔的批判我们应客观地去研判。

21 同上，第257页。

在反资本反官僚社会这一点上，霍尔和柯布西耶是一致的。

从霍尔的理论中，我们可以读出他内心的柔软。他始终饱含着一种亲无政府主义的情结，这种无政府理想使他的理论的终极目的是为建立一座"想象之城"，它带有更多的平民思想，有更多的自觉和自治倾向，同时霍尔也积极跳出物质的层级而将自己的思考放在精神层面。如他所述："它既不是资本主义的，也不是官僚社会主义的，它是一个建立在人们之间自愿合作基础上的社会，人们工作并生活于小型自治的共同体之中。于是，这些远见不仅在物质形态上，而且也在精神上。"[22]

霍尔理论的价值还在于他以城市历史观道出了城市规划的源头："20世纪的城市规划源自维多利亚时代晚期中产阶级对于他们所发现的城市底层阶级的复杂情感的反应——部分出于怜悯，部分出于恐惧，部分出于厌恶。"这观点击碎了我们一直抱持的光鲜理解，同时也引出霍尔对城市底层阶级的持续关注。

他进而提出芝加哥黑人下层阶级的分析："黑人下层阶级（尤其是在南方农村）已经建立起一种家庭组织来实现

---

22 同上，第3页。

32

社会健康，尽管这种实践并非美国传统。当这些实践遇上白人标准时，例如当黑人进入城市之后，它们就部分被解体，并导致了一些个人的道德衰退。"这些分析难道不是像极了今日中国大量的外来务工"新市民"所面临的遭遇吗？很可惜，霍尔的研究并未引起发展中国家的后来者们足够的重视。

关于个体自觉的提法，20世纪在中国也由梁漱溟先生提出过，在其乡村建设理论中，梁先生认为："顶要紧的有两点：1.农民自觉；2.乡村组织。……有了这两点一切事情才好办；如果没有这两点，……简直没有法子谈。"[23] 可见，对个体自觉的重视不仅是一家之言。

4. 城市与乡土

我很想在中国找到有关城市发展史的价值论述，但很难，虽然有北宋官方编纂了《营造法式》之类的典籍，但其仅仅涉及方法论层级，与我想了解的中国社会哲学与群

---

23 梁漱溟：《乡村建设大意》，《梁漱溟全集》第一册，济南：山东人民出版社，2005 年，第 616 页。

体文化还有不小距离。我将费孝通先生的《乡土中国》拿来与西方社会哲学家和城市文化研究者的诸多成果并列讨论，除了在理论形成年代上差异甚小外，估计会让很多人费解[24]。

随着研究工作的展开和深入，以及通过后期实践工作中的体悟，我才逐步认识到，在中国，城市问题或城市课题是个新生事物。几千年的政治体系和社会结构决定了中国真正的文化根结并不存在于城市，而是在更基底的层面，即在费先生所说的乡土中，诸多关于中国近现代城市环境中需解决的问题之根源，也应从这个基底中来探求。

费孝通先生乡土理论的领域实际上是"乡村社会学"，该书也正是他颠沛在国立西南联合大学、云南大学讲授乡村社会学时的讲课稿。如他在重刊序言中所述："这里讲的乡土中国，并不是具体的中国社会的素描，而是包含在具体的中国基层传统社会里的一种特具的体系，支配着社会生活的各个方面。它并不排斥其他体系同样影响着中国的社会，那些影响同样可以在中国的基层社会里发生作用。搞清楚我所谓的乡土社会这个概念，就可以帮助我们去理

---

24 该书初版为 1947 年。

解具体的中国社会。"可见，费孝通先生并没有将中国乡村社会学上升成社会的全部，而是客观地指出它的体系完整性和影响力。

从社会学角度，费孝通将社会分为两种性质：因一起生长而发生的社会，即"有机的团结"；因为完成一件任务而结合的社会，即"机械的团结"。同时，定义二者为礼俗社会和法理社会，重点强调了前者的无须选择与自然而然，在其中社会关系是习以为常的，在乡土社会中法律是无从发生的。费先生的理论解释了今日中国社会生活哲学的某些"基层"来源，值得今日的城市管理者、规划者参考。

在论及"文字下乡"的时候，有个提法可供考察今日社会传播参考，即"语言只能在一个社群所有相同经验的一层上发生。群体越大，包括的人所有的经验愈繁杂，发生语言的一层共同基础也必然愈有限，于是语言也就愈趋于简单化"[25]，以及"从另一方面说，在一个社群所用的共同语言之外，也必然会因个人间的需要而生发许多少数人间的特殊语言，

最近一直对"用语"一词感兴趣，网络新词不断层出，无疑对各个用语带来毁灭。

---

25 费孝通：《乡土中国》，北京：生活·读书·新知三联出版社，1985年，第12页。

所谓'行话'"[26]。以上观点像极了今日无国界的互联网"文化扁平化"现象，趋同的同时又不时产生若干"锐词"。

关于"文化"一词，费孝通的解释为："文化是依赖象征体系和个人的记忆而维持着的社会共同经验。"[27] 更是一种"面对面的亲密关系"，几乎没有流动性，导致了中国乡土的传统，又由传统导致了不必知之，只需照办的礼治秩序。礼，不是靠外力、法令来约束而达成的，是主动地服礼，孔子也强调服礼的主动性。"礼治的可能必须以传统可以有效地应付生活问题为前提""在一个变迁很快的社会，传统的效力是无法保证的""稳定的文化传统是有效的保证""长幼原则的重要也表示了教化权力的重要性"，只有中国文化中区分兄弟、姐妹、伯叔。"文化不稳定，传统的办法并不足以应付当前的问题时，教化权力必然跟着缩小，缩进亲子关系、师生关系，而且更限于很短的一个时间"，长老政治是中国特有的，即教化权力，不同于民主的同意权力，亦不同于不民主的横暴权力。

---

26 同上，第12页。
27 同上，第17页。

二、超越规划的城市理想

1. "田园城市"与"社会城市"

凡涉及城市设计和城市规划理论，霍华德写于1898年的《明日的田园城市》是一块绕不开的理论巨石。

霍华德提倡的"田园城市"（Garden Cities）经常被翻译为中文的"花园城市"，并因被人们误读为"如花园般美丽的城市"而使得其理论大打折扣，仿佛这是一本关于绿化景观规划的工程学著作。甚至直至今日，很多规划者还断章取义，错误地使用着霍华德的理想模型之语义表皮。其实，就霍华德理论的真实归属来看，他所倡导的"田园城市"实际上是社会变革和管理革新，是他个人对城市的理想希冀，这一希冀兼具社会学、政治学、经济学特质，具体我们可以从以下几个方面得出判断。

首先，从该著作的第一版书名《明日——真正改革的和平之路》中我们已经可以看出它的社会学、政治学立场，霍华德针对当时英国大城市既已出现的种种弊端，在其理论中倡导一次重大的社会变革，进而提出"社会城市"的概念。"社会城市"首先摆脱了统治者为主线的旧壁垒，以人民、居民作为规划建设的主要考虑对象；接着霍华德还首次打破了城市和乡村的固有隔阂，把城、乡两者作为一个统一的事物进行整体考虑，建立城乡一体的理想社会结构形态，试图以此促进社会的全面发展，这一在百年前提出的理想确属高屋建瓴，直到今日仍有参鉴价值。

其次，霍华德与其他城市研究者最大的不同，在于他不但建立了自己的理论模型，还积极实践其理论，并努力实现它。他在其著作出版一年后，成立了"田园城市协会"（后更名为"田园城市和城市规划协会"）。1903年协会在伦敦近郊的莱奇沃思（Letchworth）购得一块土地，成立了第一个田园城市公司，开始了第一座田园城市的建设。值得一提的是，田园城市建设规划初期至建成若干年后均按照商业股份制进行融资和收费，有自治和半自治的社会性质，待收回成本后，转由政府接手管理。这样的模式也凸显了当时英国作为老牌资本主义政体将成熟先进的经济思维和政治模式创新有利结合，从而彻底在经济和政治上脱离了传统政府主导或贵族统治的旧有束缚。霍华德也终其一生致力于莱奇沃思和韦林（Welwyn）这两座田园城市的实验。

霍华德所创立的"田园城市"实质上是"社会城市"，或可称为"人民城市"，他将几重的远见合并成为一个有些许乌托邦意味的城市理想，比如他预见铁路和地铁将大量应用于城市间的通勤，又如他彻底摒弃"巴洛克式改造"（由奥斯曼在巴黎建成君主堡垒、朝廷住所、统治表演场的局面），再如他大胆将城乡合为一体考虑的构想，他着眼的不再是少数人、个人的利益，而

（手写批注：站在今日回看，他仍是思想先进者和实践先驱者。）

是全社会的利益，正是这些远见，合并而成为"逐步消灭土地私有制、消灭大城市，建立城乡一体化的新社会"[28]。这才是"田园城市"理想希冀的价值所在，而绝不能仅仅将其理论误读为普通意义的城市规划。

2. "旧北京"与"新中国"

纵观中国城市发展史，北京是被中外城市研究学人所高度礼赞的城市，梁思成称"明之北京，在基本原则上遵循隋唐长安之规划，清代因之，以至于今，为世界现存中古时代都市之最伟大者"[29]。北京城在元代开始大规模兴

---

28 埃比尼泽·霍华德：《明日的田园城市》，金经元译，北京：商务印书馆，2000年，第15页。

29 梁思成：《中国建筑史》天津：百花文艺出版社，1998年，第266页。

建时，即一直遵循中国古代《冬宫考工记》所规载的"匠人营国，方九里，旁三门。国中九经九纬，径涂九轨，左祖右社，面朝后市"[30] 的原则，历千年并经数代增扩，未有格局上的改变。

研究中国城市营建理想，北京是当之无愧的样本。中国是一个长期以农业作为政治、经济基础的国家，在此背景下，城市在国家中的地位反而更容易被凸显。而今，中国历史上无数已经灰飞烟灭的名城大邑如长安、大梁、邯郸、汴梁、洛阳等，都无法像北京一样，真实、全面地向我们呈现出前人的营城希冀。

在中国，城市是国家礼制、社会伦理的体现和象征，权力中心同时必然也是城市营造尤其是都城营造的中心。中国城市与西方城市最显著的区别，在于对象征性、仪式感、敬畏感的高度重视，虽然这些在雅典卫城、罗马、佛罗伦萨等城市中也有所体现，但中国城市将之发挥到了极致。

从俯视的角度审视中国城市营建肌理，我们可以看出

---

30 [清] 孙诒让：《冬宫考工记（卷七十四）》，《周礼正义》，北京：中华书局出版社，1987 年，第 3423 页。

中国的"礼法"《周礼》所设定的营城"九宫"，与同时出现于周代的"井田"布局，还有清代北京城内八旗辖区与皇城的"新九宫"关系，无不清晰地表明中国城市营造中礼法的庄严和强势。同时，中轴线、对称感再次加强了这种强度，中国城市中绝没有如雅典卫城布局上均衡而非对称的手法，也绝没有西方城市中的斜向线。正因为有"天圆地方"的宇宙观，圆形态、方形态始终作为中国人世界观、宇宙观的物化形态出现在城市中。

从侧向的角度来审视整个中国社会的"等高线"，我们可以清晰地看到中国的"伦理"，中国人用出自儒家典籍《大学》的"家""国""天下"概念，厘清了社会之层级感。城市在中国，相对于广大乡村，历来是整个社会层级的最高点，而都城则更是增加了层级的高度，其中又以皇城、内城、外城三级再次细分。

对社会中下层和底层的关注与兼顾，一直是中国营造城市思维的盲区；与之相反，对权力、政治、国家上层建筑的维护与凸显，却一直占据中国城市营造的近乎全部精力。或者可以这样说：营造城市，历来与人民无关。这一点，造成了固态政治与动态演进之间持续的矛盾，所有的变革在此面前都显得微不足道。以中华人民共和国成立初期北京新中心（中央人民政府行政中心区）选址营造为例，我们可以清楚地读出矛盾所在。

1950年，《关于中央人民政府行政中心区位置的建议》被提交国家最高领导集团，提交人分别是梁思成和陈占祥，二人分别毕业于美国宾夕法尼亚大学建筑系和英国利物浦大学建筑系，分别担任联合国大厦设计顾问和参与"大伦敦规划"等最重要的规划实践项目。二人的这一都市建议提案后被称为"梁陈方案"。

今天，谈及梁思成、陈占祥二人以及"梁陈方案"，其功绩往往被简单归结为"力图保护古都""营建新城"，与霍华德的理想希冀一样，"梁陈方案"中对城市理想建构的希冀同样经常被误读，以至于大众远远低估了二位智者的苦心和周全睿智。仔细研读二人的方案，我们会发现，这远不是一个简单的城市规划提案，其在政治、经济、产业、生活、文化、城市管理等诸多方面均有周全的考量，对于一个全新的国家、全新的政权、全新的都市都极具意义。

由于本文篇幅所限，在这里仅将该方案的关键词句予以罗列，但期仍可窥见其理想愿景的全貌——"全面计划原则""新旧两全的安排""要有发展余地""有合理的联系""使全市平衡发展""控制合理流量""疏散人口""计划时必须预见到一切利弊""以人口工作性质，分析旧区，配合新区""在大北京市中能有新中线的建立""保护旧文物建筑"[31]。在其中我们可以清晰读出二位不是简单挪用当时国际流行的"都市分散""建卫星城"成果来简单套用到新北京，而是充分分析利弊，站在社会更新、永续发展、营造新形象、利于管理、合理安排产业、宜于工作生活、保全旧都风貌的综合立场上提出的。在方案的最后篇章，二位还指出："世界上许多工业城市所犯的错误，都是因人口增加而又过分集中所产生的。伦敦近年拟定计划以50年长期间及无数计的人力物力去纠正它的错误。我们的计划建都才开始，岂可重蹈人家的覆辙？"[32]

与梁思成、陈占祥抱有同样理想与担忧的还有沈从文，他用更柔性和幽默的方式，借"苏格拉底"之口表达了自己的希冀："凡寓居此美丽伟大然而荒凉穷困之故都者，必均留一异常深刻之印象，且深为此有历史性之名都

---

31 梁思成、陈占祥：《梁陈方案与北京》，沈阳：辽宁教育出版社，2005 年，第13 — 37 页。
32 同上，第51 页。

大城，将毁于'无知'而忧虑。"[33] "北平首都宜有一治哲学，习历史，懂美术，爱音乐之全能市长。"[34] "警察数目与待遇，均与花匠相等……警察局长最好为一戏剧导演或音乐指挥……""工务局长宜为一美术设计家……竟常常赔出私财，改造路灯……"[35] 从无邪的字句中，那一代中国新思文人对新国家、新城市、新生活的憧憬与期许可见一斑。

但这样一个较为周全并有理有据的良苦方案，最终因政治、权力、立场等因素而未能被当局采纳，北京走上了一条截然相反的营造都城道路，不得不说，中国城市错失了迈入现代城市进程最好的一次机会。方案中预估的负面问题如"单中心""摊大饼"模式的不可逆错误、部委分散建设耗费城市运行和管理资源、交通压力倍增、市民早晚高峰在城内外之间奔波、停车难、地铁负载压力、沿街建筑高楼背弃中国营城形制、发展重工导致北京转成为生产型城市等问题无一不触目惊心地呈现在今天的北京，甚至同时波及于更多中国的大、中城市。

---

33 沈从文：《苏格拉底谈北平所需》，《沈从文全集》第14卷，太原：北岳文艺出版社，2002年，第371页。

34 同上，第372页。

35 同上，第372—373页。

"梁陈方案"中体现的核心思想价值，是中国历史上第一次以民本的、全面的思想代替了承袭几千年的以政权为中心的旧式礼制思想来创建新城市，同时不失对中国传统城市格局排布、区块经营、建筑街道形制予以合理承袭，用未来的、科学的、人性的同时又是真正"新中国"的眼光提出理想城市的希冀。

今日河北雄安新区建设及非首都功能外移，也算是对梁陈方案的历史回应。

三、城市空间的视觉意象和精神意象

　　当我们把城市看作当下生活的环境与空间的同时，绝不能忽视城市也是人们日常徜徉其中以视觉为捕捉意象载体所获得的经验，更是人们心里所构建的理想生活的某种外化意象，后两者都是前文中集体希冀的个人生活精神之纯化。

1. 由形思象 —— 城市意象、城市形态、城市精神

　　关于城市由视觉产生出的意象，伊利尔·沙里宁曾经有一句著名的评述："让我看看你的城市，我就能说出这个

城市居民在文化上追求的是什么。"[36]

　　完整提出"城市意象"概念并将之形成完整理论的是麻省理工学院的建筑及城市规划学院的凯文·林奇。我对该理论的兴趣完全出于这是少有的以视觉角度去看待城市设计的理论，尤其难得的是，林奇的身份其实是以功能为上的建筑师。

　　首先，"城市意象"是一种公众共同感受、感知、享受的综合经验，这里的公众除了包含城市常住民外，也包括短期居住者和临时外来旅行者，由此可见，城市意象是共同的综合经验，同时也有多元的复杂性。感知城市，往往通过城市的物理介质进行，林奇称之为"城市意象元素"，主要包括：道路、边界、区域、节点和标志物，正是这些有形有体之物，成为我们去构建一个城市"柔软"意象的基础。

　　其次，城市意象的产生不仅仅是固定的物理空间以及它的细节元素带给公众的印象，同时不能忽视活动于城市中的动态元素，动态元素以人和人的活动行为为主。这一

---

36 伊利尔·沙里宁：《城市：它的发展、衰败与未来》，顾启源译，北京：中国建筑工业出版社，1986 年，第 18 页。

点也非常重要，即以动态、运动的接收状态与正在同时运动的人、事、物相互影响，相互传递印象。

"城市意象"相较我们平时熟悉的"城市形象"一词，还不仅仅是柔软和坚硬的区别。"城市意象"的价值主要体现在"城市意象"不完全是被给予的，部分需要公众来建立补足，具有半传播性和半主动性，较易被接受；而"城市形象"则单薄得多，它更加单向，并带有传播的强迫性，会造成公众产生防备式的排斥感。

"城市意象"更含糊与综合，有时从公众反馈中只能收到感性的、感受式的描述词汇，带有一定的个体化体验观，诸如舒适、安逸、透气、友善、浑浊、焦虑、压迫感等。"城市形象"则客观清晰和逻辑得多，对其的评价往往也更容易达成共识，如整洁、科技、繁忙、拥挤、通畅等。

"城市意象"是开放的，开放性体现在包容变化，同时接受个体的再组织，留出空间给个体描绘属于自己的意象，另外开放性还表现在个体可以将一部分"私家"意象传递或传授给别的个体。这都不是单薄的"城市形象"所能具备的。

"城市意象"还有一个完全击败"城市形象"的杀手锏，就是林奇总结出的"意蕴"，这是可被看

时至今日，中国城市管理者的营造观念仍未上升到"意象"层级。

47

见（林奇称"可见性"），进而可被读（林奇称"可读性"），再而是"清晰、强烈地被感知"[37]的。

关于"意蕴"的联系和联想也是"城市意象"理论所特别重视的，这些联想有物理层面，同时更多是在语义和心理层面上，如林奇描述的"……尽管很远，但站在一条街名与市中心有关的道路上，那种获得联系的感觉必然令人轻松"[38]。是啊，就像一个登临青藏高原的浙江人，看见320国道的路碑，虽然相距几千千米里，但与家乡的联系感和亲切感会油然而生。

综上，"城市意象"理论从城市形态出发，以视觉为手段，改变了我们"阅读"城市、"使用"城市、与城市"对话"的方式和思路，用松弛、主动、非逻辑的体验心态去感受城市，然后描绘对城市的精神、心理上的意象。虽然林奇的理论诞生于60多年前，但以上观察、体验、思考、感知城市的总结完全可以在今天的信息社会甚至将要到来的虚拟环境中被采用，足见其远见。

---

37 凯文·林奇：《城市意象》，方益萍、何晓军译，北京：华夏出版社，2001年，第7页。

38 同上，第40页。

2. 由心思境 —— 东方民族的心灵世界和物质世界

在古代东方的世界观中，相较于改造外部世界的能力，对建立内在的、心灵的、小宇宙般的世界更加推崇。

冯友兰曾总结中国哲学和希腊哲学的不同，分别以农人和商人、家族利益和城市利益、家邦和城邦、独裁与不独裁、大陆和海洋、仁者和知者等相对的观念和取向来加以区分。他也预言中国社会一旦工业化，旧的家族制度势必被接踵废黜。但冯友兰认为，无论怎样变，中国儒家的人生理想总是可沿可取的。

中国哲学传统的功用不在于增加积极的知识，不在于鼓励发明与创新，有时甚至会阻挠它们，其功用在于提高心灵之境界，超乎现实的境界，获得高于道德价值之外的价值，也就是心灵与外界的契合。

在东方，这种对心灵契合的期待，往往很难在理论著述中找到太多踪迹。如在《冬宫考工记》和《营造法式》中，思想都已被掩藏在技术和范式之下，这应该也与东方民族惯有的"述而不作"和"不求甚解"思想有关。反而在一些散论或日常生活箴言中，我们偶尔可以找到它的端倪。

《乡风市声》是一本有研读价值的散文集，汇集了茅盾、鲁迅、丰子恺、郁达夫、张爱玲等人关于乡村与城市的鲜活描述和记录，在其中我们可以多少找到文化精英心灵深处的生活终极望境。

书中收录了老舍的散文《想北平》，文中老舍是这样赞赏北京以四合院为基本元素的城市格局的："论说巴黎的布置已比伦敦罗马匀调得多了，可是比上北平还差点事儿。北平在人为之中显出自然，几乎是什么地方既不挤得慌，又不太僻静：最小的胡同里的房子也有院子与树；最空旷的地方也离买卖街与住宅区不远。这种分配法可以算（在我经验中）天下第一了。北平的好处不在处处设备得完全，而在它处处有空儿，可以使人自由地喘气；不在有好些美丽的建筑，而在建筑的四周都有空闲的地方，使它们成为美景。每一个城楼，每一个牌楼，都可以从老远就看见。况且在街上还可以看见北山和西山呢！"[39]

可见，中国传统居住生活观更为注重个体（家园）与整体（城邦）间的和谐圆融，这种联系是通过一种"松"和"空"的形式表现出来的，外貌上不是完美和光鲜的，但家与城的气息是相通和相谐的。

这"庭院观"直至1930年上海早期石库门住宅营造仍有保留。洋房也具备院子和天井。

---

39 钱理群:《乡风市声》,上海: 复旦大学出版社, 2005 年, 第 2 页。

四合院只是中国对"家庭"一词的其中一种表现形式而已，过去中国人的家，一定是有庭院的，更明确地说，是有"空间"的。这里说的"空间"不同于可被丈量和占用的物理空间，这空间更多是心灵的，是自身心里小宇宙除"我"之外的一切。

在日本，我们同样可以找到类似的思想原型，那就是"侘寂"的思想。"侘寂"是一个隐含于日本文化中的默默缓流，它很艰涩，连普通日本人甚至日本文化学者都不敢也不愿过多累赘地去阐释这一心灵中的民族期许。

以丹纳书写艺术哲学的逻辑来看待中日两国差异的话，地理之差异是主因吧。

有趣的是，"侘寂"不是出于对中国的模仿，反而源于对中国这个天朝大国的建筑、器物、生活方式等的反动。15世纪自禅宗传至日本始，在以茶道为核心的日本生活仪礼中，出现了以粗糙、低调、本土为风格的生活器具，以泥墙、小屋、茅草、残破、裸露为视觉风格的建筑形式，以区别当时日本主流社会崇尚的来自中国的完美、精致、堂皇和壮丽的样式和意趣追求。

这一新的世界观，体现在外化上往往显得过于朴素和内敛，虽然不完美和不完整，有些许粗糙，但自然而然，这都源于内里的精神观：事物由无发展而来，并最终归于无。事物处在渐渐生成还是渐渐衰亡的阶段，有时从外表是无法判定的，但可以在心灵上把握这个临界的度，就像皱纹同时属于新生儿和垂死老人一样，这样思考应该更接近永恒和自然。"侘寂"也是源于对自然的敬畏，是再现自然永恒的生活哲学与心灵原乡。是一种对待自然与人、人与生活的完整世界观，它比中国古代哲学平衡中庸的世界观更偏激，甚至更执拗，但这正是它更具理想和更独立的方面。

这一在心灵中营建的世界观，影响到了后世的日本社会中文化、艺术、设计等诸多领域，如田中一光在20世纪50年代创立"无印良品"品牌目标时所秉承的：生产让人安心的产品、把握装饰节制的度、营造家的气氛、使用自然色泽未经漂白的纸张来包裹，主张一种与自然和谐的知性生活，主张比富人更聪明的生活方式等。甚至包括"无印良品"店铺内裸露的顶棚和管线，无一不有"侘寂"的影响。

在心灵与生活空间的相互促生中，最极端的要数生长在日本的"枯山水"空间艺术。之所以称它为艺术，是因为"枯山水"已经远远脱离园林的概念，早已是一种哲学观下的艺术表现，虽然作为一个物理空间，但它已经摒弃了人的身体的参与，仅保留人的心灵在其中徜徉和涤荡的权利。不得不说，这标示着日本将人的心灵世界抬高到了无以复加的地位。

东方民族相对于西方民族而言，在对生活的理想思考上要更整体些，也更软一些，空一些，缓一些，甚至像日本那样更加阴柔和敏感，并且是不露痕迹的。这些心灵上的生活向往，始终潜藏在这些民族的城市需求之中，随时会任性地发芽。

3. 由反思正 —— 那些"反向的"和"负向的"思考

日本的"侘寂"，是一种文极反素的特别追求，是由于对外在的抑制而导致简素，从而使内面的精神变得更加丰富、充实和深化，以一种不完美去触碰更臻永恒的理想世界。这一统治日本精神美学的观念，这一反向思考并形成系统的观念，从今日之城市发展的角度来看待，我们不仅仅只是"反思"，也许需要更多这样的"特别追求"，因其确有很多可借取之处。

谈及日本当代设计思想和实践的代表，不外乎原研哉和隈研吾二位。在他们的思想和设计作品中，均有着强烈的"反动"倾向。

设计策划与思考如同古代的战争一样，出师有名是首要的。原研哉主持了2005年日本爱知世界博览会的设计主脉，现在回顾整个过程，我们可以读出其"反动"的深意。日本世界博览会创作团队在提交申办书之前，已经确立并完成了对主题的思考，即"自然的睿智"。世界博览会自英国1851年始，即以展示全球最先进科技力量、工具手段为主旨，代表了人类从认识世界到改造世界进而创造新世界的心路历程，始终膨胀着、狂欢着，以至于使每届世界博览会均变成展示国家实力、改造力、超自然力的秀场。鉴于此，日本团队用反向的方式，将巨型场馆、环境破坏、强秀科技、电子大屏泛滥视为"20世纪的遗物"，首先将场馆群选址在自然的森林中，这还不够，还将展览的主旨定为"为未来和后世子孙提出在未来将占有位置"的主题，以培育出在下一个时代能够发挥作用的技术与思想的胚芽。

有了这样一个"反动"的主旋律，一切后续展览、设计、概念均变得顺理成章，创作团队以自然、朴素、微观、系统的眼光和眼界来看待周遭世界，通过蚁穴、根系、食物链来组成展览。同时，对自然的崇尚与敬畏，不代表对科技的排斥和对立，展览同时使用了新科技手段、传统手造技术与自然森林相生相成、兼收并蓄，这正是其新自然观的体现。人们都读懂了这"反动"的主旨：人类的智慧实则皆来自自然，当科技发展进步的同时，人类自觉智慧增长、能力日强，逐渐减少了对自然的学习和思考，以至于减少了对自然的敬畏感，殊不知，自然始终是值得敬畏和不断被学习的。

　　原研哉在总结自己设计观时这样说道："时代向前发展，并不一定就代表文明的进步，我们的立足之处，是过去与未来的夹缝之间。创造力的获得，并不一定要站在时代的前端，如果把眼光放得足够长远，在我们身后，或许也隐藏着创造的源泉，……只有能够在这两者之间从容穿行，才能够真正有创造力。"[40] 隈研吾与原研哉一样，是个地道的反思者，甚至更极端。他是建筑师，所以在城市研究中更有直接讨论他的必要。

　　隈研吾的核心观点在于否定建筑作为视觉象征物，不断被强化的视觉印象最终使建筑成为一个脱离环境的"独立体"，变成人们厌恶的恶之花。故此他会追问："那种与

原研哉是"再设计"观点的倡导者，但并非全新设计，而是基于已有的"旧"设计，是其精髓。

40　原研哉：《设计中的设计》，朱锷译，济南：山东人民出版社，2006年，第15页。

周围环境息息相关的建筑物难道真的不会出现吗？那种不再与周围环境割裂的、非独立的建筑物难道真的不可能存在吗？"[41] 作为隈研吾终极理想的家住屋，是既不追求象征意义，也不追求视觉化的建筑，他称之为"负建筑"。

他认为建筑是脆弱的，同时也是顽固的。建筑的脆弱源自其私有性，对私有的欲望导致我们会突出建筑的独立的物感，使它从城市空间中被分隔出来，本应该作为我们人类的包裹体的属性反而不见了。建筑的顽固性指建筑的使用周期很长，不当的建筑"甚至会让人感觉它似乎在嘲笑人类短暂的生命，这就使人越发讨厌建筑物"[42]。

由此观点推而广之，建筑的独立物化会导致它的疏离和隈研吾所称的"脆弱"，那么街道呢？广场呢？城市的节点呢？公共艺术呢？我们是否也曾经抱着相同的观点在对待它们？

不难看出，隈研吾的许多观点源自反省，源自"侘寂"观念的贯彻始终，源自整体自然观的表达欲望。这也是与中国传统哲学，尤其是老庄哲学崇尚无、崇尚弱、崇尚道

---

41 隈研吾:《负建筑》, 计丽屏译, 济南: 山东人民出版社, 2008 年, 第 31 页。
42 同上, 第 20 页。

法自然相关。老子有言"为学日益，为道日损"[43]"反者道之动，弱者道之用"[44]，这些反向的哲学观念在隈研吾身上异常明显。同时，所有这些观念产生的触发点，是建筑的"危机"，具体来自"9·11事件"和"奥姆真理教对建筑安全的模式"，危机会触发反省。

我们的城市在今天不缺"危机"，因为那已经足够多了，但我们还没有来得及去反省和"反动"。

四、城市营造理论的冲突与相辅

关于城市思考与城市规划的各种理论，其演进历程往往充满了冲突和不确定性，又往往矛盾地互相交织，甚至正如霍尔所坦言："人类智慧的结晶源于他人，它们以非常复杂的方式分叉、融合、沉隐或者复苏，这很难采取某种清晰的线性方式来描述，它们也不遵从任何一种事先安排

---

43 《老子》，饶尚宽译注，北京：中华书局，2006 年，第 117 页。
44 同上，第 100 页。

好的顺序，以一种彻底无序且混乱的方式交错在一起。"[45]
但也正是这些看似冲突和矛盾交错的理论，鲜活地构成
了人类对现代城市发展思考路径的多个维度，厘清这个像
"双子座"的矛盾统一体，会帮助我们厘清对理想城市的
研判。

1. 聚散之争 —— "有机疏散"还是"紧缩城市"？

城市的"有机疏散"理论，最早于20世纪前期由欧洲
以沙里宁为代表的城市研究者提出。沙里宁是公认的建筑
和城市规划先驱，同时还是一位教育家和工艺美术设计大
师，他的著作《城市：它的发展、衰败与未来》针对的就
是已经在欧洲因工业革命盛极而衰的、开始溃烂的大城市
"疾病"。

"有机疏散"理论主要对应的城市病症为：人口激增、
住宅缺乏、交通阻塞、中心拥挤、建筑混乱、城市环境恶
化等至今仍未完全消解的城市病。该理论认为应该将城

---

45 彼得·霍尔：《明日之城：一部关于20世纪城市规划与设计的思想史》，
童明译，上海：同济大学出版社，2009年，第5页。

市的生活、工作、服务、管理进行合理地分散，控制人口、改善交通、美化建筑、提升环境等结果是该理论的理想愿景。我们不难看出，"有机分散"理论其实就是霍华德"田园城市"理论和英国"近郊花园新村运动"的后继者。在这里，"有机"指由相互干扰的混乱状态，变成有功能的高效率局面。

"大赫尔辛基规划"，正是"有机疏散"理论最成功的实践案例，是由沙里宁本人主导策划的。他在此前做了扎实的调研，曾实地考察斯德哥尔摩、哥本哈根、汉堡、卡尔斯鲁厄、慕尼黑等城市，虽然这些城市的规模比不上伦敦、巴黎等大型城市，但这些中等大小的城市反而显得更加适宜生活、居住、工作，都有继续健康发展的潜质。原因是它们都具有城市结构分散发展的优点，并都在近郊实施分区开发的模式，这给了沙里宁足够的勇气和支撑去建立"有机疏散"的理论和实践。

"有机疏散"理论不仅仅是在形制和区块上将拥挤的大城市进行简单的物理性分散，其理论中还附带对土地归属、经济利益核算、立法保障、交通支持、居民养成等方面的综合考虑，使得该理论不是空中楼阁而是切实可行的。沙里宁为"有机疏散"理论确定了宗旨：创造新的城市使用价值、改变已衰败的城区（如贫民窟）、杜绝城市资源浪费。

继沙里宁之后，"有机疏散"理论也有更积极的延续，如弗兰克·劳埃德·赖特[46]在其20世纪30年代出版的《消灭中的城市》和《宽阔的土地》中提出"广亩城市"（Broadacre City）理论，极力主张将城市逐步向广阔的乡村发展。

与之相对，"紧缩城市"的理论最早可以追溯到建筑师兼城市规划师柯布西耶在其著作《现代城市》和《光辉城市》中提出的理论。霍尔将其总结为"著名的悖论：我们必须通过提高城市中心的密度来疏解城市。此外，我们必须改善交通并提高开敞空间的总量"[47]。对柯布西耶而言，被紧缩的是居住空间和建筑空间，与被特意放大了的交通干线和巨型街区所包裹和割裂。

几乎在每个理论节点上，都有一双相反的理论存在，这正是建筑学科理论屡屡优于他科的地方。

但"紧缩城市"作为城市营造理想模型被完整确立的时代比较晚，促成其出现的现实条件是：人口增长、能源消耗与紧张、全球变暖、污染剧增等问题。对未来世界环境和资源的关注已成为世界生活的主题，可持续性

46　Frank Lloyd Wright（1867 — 1959），美国建筑师。

47　彼得·霍尔：《明日之城：一部关于20世纪城市规划与设计的思想史》，童明译，上海：同济大学出版社，2009年，第233页。

及可持续发展已经成为世界发展的主线。1987年世界环境与发展委员会（WCED）发表的《我们共同的未来》和1992年联合国150多成员方共同签署的《里约环境与发展宣言》是促成"紧缩城市"理论的具体共识。该理论的全面出炉是以由迈克·詹克斯（Mike Jenks）、伊丽莎白·伯顿（Elizabeth Burton）、凯蒂·威廉姆斯（Katie Williams）三人于1996年汇集全球众学者成果出版的《紧缩城市——一种可持续发展的城市形态》为标志。

鉴于长期存在的田园城市理想，加之柯布西耶等人过激粗暴的实践，许多政府和学者并不认同和亲近"紧缩城市"理论。"紧缩"二字，英文为"compact"，其原意指紧凑、合适、刚好等意，中文翻译使得它更极端，因而不易被认同。"紧缩城市"理论其实是想在城市中心集中化与自给自足的社区分散化这两极之间找到一个折中的平衡点，希望实现"高密度的居住空间，综合利用的环境设施与高质量的生活"之间的和谐关系。

柯布西耶的所谓粗暴，并非简单粗暴，而是蕴含其深刻的理想，这一点读其原著便知。

同时"紧缩"本身其实带有更多的折中意图，其中包括"将集中化方案的优点（如抑制城市扩张，实现城市更新）及分散化方案的优势（向小城镇及城郊扩散，并提供配套的系列基础设施）相互结合起来""实际上'紧缩'在更大程度上是以社区居民对社区的自治权利而不是以物理结构上的紧缩为核心内涵的""主张一种建立在区域内部的紧缩化基础之上的分散化的城市形态：在这种形式下，小社区的紧缩与区域间的紧缩分布互为补充，由于在城市的各个区域间建立了方便快捷的交通网络，出行的距离和时间也将大大减少"。

至此，我们才会惭愧地发现，"紧缩城市"理论实质上是一种折中，而非疏散的另一对立极端，甚至是可以被理解为一种更先进、更复杂的进化了的有机疏散。我们的误解多由柯布西耶的生硬表达所造成，使我们在很多时候没有辩证地去看待和解读"紧缩城市"理论的精髓。

我们从聚散之争中可以得到的经验是：城市形态的聚散概念本身是复杂的，包含的问题也带有多种层次。城市生活质量是这一对矛盾的焦点，但人在不同生命阶段会有不同的生活期望，这会直接导致人们在紧缩和疏散二者之间做出不同的选择。如果指望着"城市形态"这一种因素就能左右现实的状况或成为一个可实现的目标，这似乎还只是一种空想。

聚和散思想在本质上，殊途但同归。

62

2. 得失之争 ——"建筑空间"还是"失落的空间"?

"城市就是由建筑组成，建筑就代表城市"，这一观点虽然片面，但至今仍被广泛认同和执行着。尤其在城市发展属于初级阶段的发展中国家，更是对建筑本体奉若神明，认为建筑可以揭示城市理想，提升城市美誉，塑造新城市精神与形象。这也使得今日建筑师大佬们在工作室任务满满的同时更加不可一世。所有的发端还是归结于柯布西耶的极端热情与带动。

作为西方现代建筑的代表人物，柯氏有着非常鲜明的社会和政治意图，主张采取新集体主义的社会秩序来代替资本主义，将现代建筑（尤其是方盒状的冷酷工业化单元）作为城市的"装饰"基础。街道与建筑都是硬和冷的，正如柯氏参与起草的《国际现代建筑学会预备会章程》里死板规定的平屋顶、无隔墙等要项一样，建筑在他手中更像是雕塑艺术品或一部机器，而他也更像一位艺术家或工程师，故被很多人誉为建筑界的毕加索和爱因斯坦。

仔细研读和分析该章程，并不冰冷。行文遣词造句及内容，既有理想又富激情，并具未来探索性。

除了他的艺术天赋，他对理想的执着坚持，同样令人印象深刻。《光辉城市》是柯布西耶早期热情的倾力汇聚，是在无法得到政府委托进行城市工作时的大胆狂想，我有时觉得柯氏这种执着的精神像极了孔子、孔明，努力传播自己的理想，力求有机会实践它们，真可谓"知其不可为而为之"。

《光辉城市》中，柯氏对巴黎、日内瓦、里约热内卢、莫斯科、巴塞罗那、斯德哥尔摩等城市进行"主动设计"（虽然这些方案没有一个被真正采纳和实现），对当时的城市化模式和居住制度进行征讨，希望用全新的建筑外部形态和内部组织结构来革新城市居住理想。

奥斯卡·纽曼（Oscar Newman）在评价柯氏风格时如此说："建筑师把每一幢建筑作为一个完全的、独立的和正规的实体进行考虑，而对于地面的功能性使用，以及一幢建筑与它可能与其他建筑共享的地面之间的关系则不加考虑。这好像建筑师要充当雕塑家，把项目的基地仅仅视为一张表面，他要安排整个系列的垂直构件，并使这些构件处于一种完善的整体之中。"

在柯氏营建理想中，其实不乏正确的因素和思路："方案不是政治。方案是理性和诗意的纪念碑，它在可能性的迷雾中满满现身。可能性存在于环境中：地方、人群、文化、地形和气候。再进一步说，它们是被现代技术解放了

巴西利亚的城市规划，算是间接实现了柯氏之理想。

的资源。现代技术在世界范围内普遍存在。可能性只有在同主体——'人'发生关联的时候，才能够被判断。"可以看出，他在理想中并没有放弃"人"的存在，在其理想的紧凑高效的新城市模型中是为之留有地位的。

但是，柯氏的理想并不能掩盖他的意识和立场的误区：对路易十四、拿破仑、奥斯曼的光荣崇拜导致其最终违背了公平和集体；对工业社会以及机械过分推崇，这种推崇也来自对霍华德的"田园城市"修正时的矫枉过正，如他所言"田园城市只是前机器时代的迷梦"，使得他的设计与规划缺少软性成分；他将自身建筑师身份中的艺术成分过于放大，导致对建筑本身的偏执追求，这在他的后继者身上又进一步被误读和夸张，究其原因还是柯氏的艺术偏执；最后，柯布西耶对中产阶层有所贡献的同时，几乎抹杀了底层市民在城市中的立足之地，使得他最终背叛了自己的理想初衷。将建筑夸大，并以建筑凌驾于城市之上甚至取代对城市整体的思考，是柯布西耶流派的标准误区。

这段综述今日读来，值得商榷。

沙里宁也是建筑的拥护者，他提出"城市设计基本上是一个建筑的问题"。但我们不能简单把他和柯氏划为一体。他到美国后改匡溪艺术学院建筑系为"建筑与城市设计系"，在突出建筑的同时，实际上更强调整体的协调。他本人也是集建筑师与规划师两种身份于一身。

另外，沙里宁提出的"有机秩序""体形环境"（Form Order）理论，旨在强调城市环境的有机整体性。可见他虽然以建筑师身份出现在规划领域，但他的理论更加有弹性和适宜度。

与以建筑为主去考虑城市空间不同，罗杰·特兰西克在其《寻找失落空间 —— 城市设计的理论》一书中提出"失落空间"概念。"失落空间"主要指城市中数量庞大的空置地，是城市高层建筑底层外部无组织的景观，或者是脱离步行活动、无人问津的下沉式广场，还可能是切断商业中心和居住区的大型停车场，也会是高速道路旁无人维护的大量空间。这些空地正是受疏散理论影响导致人口往郊区外移而产生和扩大的，并且有愈演愈烈之势。

造成城市产生"失落空间"的原因包括柯氏倡导现代主义运动 —— 以独立建筑物的设计为上的理论，却忽视了街道、广场、公园等公共室外空间的重要性。受运动影响，各城市纷纷放弃了沿自文艺复兴的城市主义设计和人性化尺度的室外空间设计原则，割裂了建筑内活动和街道活动间的血脉联系。今日

"失落空间"理论应长期得到重视，尤其是处在建设期的中国。

的高层塔楼变成一座座孤岛，而周遭空间则因失去意义而沦为"失落空间"。

"失落空间"理论的思考方向是逆于常规的，甚至与中国传统绘画中"计白当黑"有所暗合。通过对"硬体空间"和"正向空间"相对应的"软性空间"和"负向空间"进行有效剖析，使得该理论在整体观以及立体空间思考上颇有建树。

除了独到的切入和分析角度之外，"失落空间"理论家们还对城市空间设计提出了三种可行的理论，分别是"图—底理论""连接理论"和"场所理论"。综合来看，它们都是整合城市设计的有效策略。"图—底理论"基于对二维空间比例关系的把握，更接近平面设计师的版面编排工作；"连接理论"强调对不同元素的连接，像一根锁链，将街道、开敞空间、人行道等串联布局；"场所理论"比前二者更综合的同时加入"人"这一主要元素，并对需求、文化、历史、自然等因素均加以考虑，使得场所能有机生长于环境。

综上，我们可以将"建筑空间"和"失落空间"理解成一对相辅的理论，后者更是完全因前者而生成的。也正是因为有后者的存在，前者才不至于过激和独大，后者将前者遗漏的问题汇集并统一解决，是前者必要的柔性与人性的有机补充。

3. 定位之争 —— "贫民窟" 还是 "落脚城市"？

贫民窟一直是城市形象营造中无法回避的问题。就现代城市而言，在欧洲，17世纪至18世纪时几个大城市如伦敦、曼彻斯特、巴黎就已经开始出现乡村人口聚集而形成的贫民窟。在德国，虽然当时农村人口比例高达90%，但在首都甚至也出现了贫民窟。仿佛只要出现人类的大量聚集，就必然会产生此一现象。然而，在城市发展的进程中出现贫民窟是有条件的，首先是乡村人口增长与土地比例失调，其次是城市生产效率提高而产生劳动力缺口，最终贫民窟人口的大爆发还是源于人类对流行疾病的控制和免疫。

贫民窟在城市发展中始终扮演着双重角色，一是成为城市的最低阶层和最肮脏可憎的短板，二是贫民窟所蕴含的危机与躁动往往是推进城市发展的不可抹灭的主要力量。城市的管理者、规划者们对贫民窟现象也始终保持既恨又惧的心态。

之所以说贫民窟带动造成了城市向新一阶段发展，可以1789年至1871年间发生在巴黎的4次市民暴动风潮为例，均是因为居住在城市外围的贫民窟居民不堪重负、走投无路而直接引发的。风潮造成社会、政治、经济、阶级甚至城市规划与建设的多次改变和调整更替，其中就包括导致奥斯曼改造巴黎街区形制的城市"大手术"。奥斯曼当时拓宽并拉直了巴黎的主要街道，并开辟出散步的广场，核心理由就是在这样笔直而宽敞的街道上，政府的火炮可以抑制和打击街垒后的暴乱民众，可见对贫民窟的忧患之深影响了城市本身。

主张城市进化的格迪斯把贫民窟视为城市生命的毒瘤，而且在他眼中，城市发展的进程中充满了对贫民窟掩耳盗铃般地有意制造，"新的组合城市、城镇和伪城市，但这些基本上甚至本质上都带有贫民窟的特征 —— 贫民窟、半贫民窟和超级贫民窟"[48]。

同样是关于城市中的贫民窟的探讨，简·雅各布斯的

---

48 帕特里克·格迪斯：《进化中的城市——城市规划与城市研究导论》，李浩、吴骏莲、叶冬青等译，北京：中国建筑工业出版社，2012年，第40页。

观点会更积极一些。她在《美国大城市的死与生》一书中耗费大篇幅表述了新的观点，将贫民窟划分为"贫民区化"和"非贫民区化"两种发展趋向，指出完全靠政府资金投入无法有效阻止衰败的发生。同时她不赞成将贫民窟简单地清除，"那些街区需要的是积极的鼓励，而不是不分青红皂白地把它们一股脑儿端掉"[49]，她还建议改进现有居高临下的家长式规划管理态度，"想要解决贫民区的问题，我们必须要把贫民区居住者视为和我们一样的正常人，能够根据他们自己的利益来做出理性的选择"。

但无论如何，我们总是以一种带有距离感的、静态的担忧眼光看待贫民窟。虽然雅各布斯指出有"非平民区化"的发展可能性，但她也仍旧是忐忑地提出，并对未来缺少期待。

与贫民窟提法相对应的，近年最值得去记取和思考的，恐怕要算"落脚城市"这一概念及其理论了。提出者道格·桑德斯不是专门的城市学者，他作为加拿大《环球邮报》专栏作家，专以探究新闻背后的全球趋势为其所长。

---

49 简·雅各布斯：《美国大城市的死与生》，金衡山译，南京：译林出版社，2006年，第247页。

他在采访过雅各布斯之后，在2007年至2010年走遍全球数十个国家进行实地亲访，最终完成了《落脚城市：最后的人类大迁徙与我们的未来》一书。

"落脚城市"这一理论，第一次将占全球人口三分之一的农业人口向城市迁徙这一情况摆在面上来进行剖析和研究，也是第一次将原有静态、半静态看待贫民窟的视角转化为动态，全景地观察城乡人口迁徙，并直截了当地指出现在的暂时居所和生存空间无非是"落脚"之地。这样的活态和思考模式带给我们很多启发，也同时推动我们可以试图找出正确的路径去改善和提升这些情况。

"落脚"有暂时之意，中国城市化造成大量来落脚的新市民，他们对淘宝上廉价和的容忍消费，也许正是暂时落脚心态的解读吧。

从桑德斯采访的诸多"落脚城市"案例中，我们可以发现他"见到的都是原本生长于乡村的人口，心思与志向都执着于他们想象中的城市中心，身陷于一种巨大的奋斗当中，目的是在城市里为自己的子女争取一片基本但长久的立足之地"[50]。这些落脚地变成城市和乡村间灰色的中间台阶，并指出，"人类的大迁徙正体现于一种新兴的都会

<hr>

50 道格·桑德斯：《落脚城市：最后的人类大迁徙与我们的未来》，陈信宏译，上海：上海译文出版社，2012年，第2页。

71

区域里"，这些所谓的过渡的落脚城市也许是下一波经济与文化盛世的诞生之地。由此我们可以看出对城市过渡地区的正确理解与分析是真正解决问题的前提。

在中国城市营造当中，"贫民窟"一词不会被直接使用，代替它的则是"城中村""棚户区"等。它们的形成原因与方式跟西方城市百年前的情况没有本质区别，并不断地扩大。关于中国城中村后文还会具体涉及。

4. 虚实之争 ——"物理之城"还是"比特之城"？

自古以来，围绕营建城市的讨论无非是关于空间、建筑、街道、密度、容量、数量、环境、生态、能源、交通，等等。我们发现，这些讨论始终没有跳出物理的圈子，无论是霍华德还是格迪斯，抑或是极端的柯布西耶，他们所有的理想与理念都建构在一座座"物理之城"上。

1997年，与传统"物理之城"相对应，麻省理工学院建筑及城市规划学院院长威廉·J.米切尔的《比特之城——空间·场所·信息高速公路》和媒体实验室主任尼葛洛庞帝的《数字化生存》像两枚钥匙，向人们打开了一扇可以全新思考城市规划和城市生活的大门。米切尔还通过另两部著作《我++——电子自我和互联城市》和《伊托邦——数字时代的城市生活》与前著形成了针对未来信息技术应用于人类城市生活的科学预言三部曲。

米切尔首次把建筑以及城市本身放在信息时代和数字化环境中予以解读和分析,"在21世纪我们将不仅居住在由钢筋混凝土构造的'现实'城市中,同时也栖身于数字通信网络组建的'软城市'里"[51]。

他大胆提出未来城市的建筑界面会逐步被电子虚拟界面所取代,城市原本的硬质物理公共空间如广场、街道也会在不久的将来完全被电子公共空间界面所替换。

关于为何将其新理论使用于未来城市规划和新兴建筑空间中,米切尔指出"数字化时代新兴的城市结构和空间组合将会深刻影响我们享受经济机会和公共服务的权利、公共对话的性质和内容、文化活动的形式、权利的实施以及由表及里的日常生活体验",他

同样的预言家"还有凯文·凯利和在坎南,以版撰写《未来之路》的比尔·盖茨和执掌特斯拉汽车的埃隆·马斯克。

51 威廉·J. 米切尔:《比特之城——空间·场所·信息高速公路》,范海燕、胡泳译,北京:生活·读书·新知三联书店,1999年,第3页。

建议人们应积极认识到变化即将到来，并可以主动地去干预、组织、立法和用设计应对。

米切尔在观点中对"同步"与"异步"展开，在数字化世界，人与人的面对面交流已经在时间和空间上产生了割裂，进而出现的电子异步通信将彻底改变人们对城市生活空间形态的体验方式，这使得民众异地、异时参与城市生活和介入城市虚拟空间变得完全可能。因为有这样的不同步，使得人们从原本的被动观看一下子转为主动参与，民众在城市生活中最顽固的基础被轻易动摇了，这样的趋势与部署，将在未来不久的时间内彻底影响城市的决策、规划、设计、传播、参与等诸多方面。

2017年杭州市携阿里巴建"城市大脑"米氏的比特之城今日可确切理解为"大数据之城"。

米切尔的预判还包括：建筑、街道等原有物理入口的距离的便捷性被消解；城市居民的身份因虚拟身份的增加而变得更加多元；计算机网络将像街道一样联通我们和周遭生活；"软城市"将被逐步实现；未来的公众对于公共空间的参与度会更高；等等。

综上，信息、网络、虚拟现实等新科技在20世纪末完成了技术储备和初步成熟，人们称之为"第三次浪潮"，它将在这个新世纪彻底改变甚至颠覆我们原有的、甚至尚未稳固建立的城市生活。就像格迪斯百年前面对工业化城市的到来一样，这是一场深刻的改变，我们对于"物理之城"的执守和眷恋不能改变"比特之城"的来势汹汹，只有主动清醒地应对它，才不枉前人的良苦用心。

回顾百多年来城市进程中城市理论的研究成果，不难发现几个事实，值得我们汲取。

首先，发达国家城市进化、形象提升的各种先进理论没有被中国相关人士与部门充分解读，他们往往采取忽视甚至漠视的态度对待，明显冲突可以见"梁陈方案"的始末。"有机疏散""有机更新"等理论均被轻蔑地误读着。前车之鉴，后事之师。

其次，发达国家城市所经历的各种衰败、困境、死路、糟粕，也同样没有给中国带来正向的、预见性的刺激和触动，中国仍旧一意孤行地闭门犯错。

再次，对发达国家今日局势和发展新思路有误读和曲解，这其中有很大一部分原因是对西方城市发展历史的全貌把握不足，既有前期理论的缺失和夹生，又有后期对智慧城市、生态城市、大数据时代等概念的片面曲解。

西方城市发展是走了不少弯路的，但他们不回避、不掩饰，痛定思痛，值得我们警惕和借鉴。

第二章

捉襟见肘

今日中国城市面临之局势

一、城市化进程之误读

1. 美丽的数据 —— 城镇化不代表城市化

2011年末，中国的城镇人口达到6.9亿，城镇化率达到51.27%，这标志着中国城镇人口首次超越农村人口，多方的媒体欣喜若狂，纷纷做出"中国已经进入城市化社会"之类的报道。

但仔细研读数据并了解中国特殊的统计方式，我们会发现这仅仅是一种假繁荣，仅是在数字上的繁荣假象。

首先，中国对城市发展提出的战略诉求从原有的城市化改为城镇化，这体现着一种指导思路的转变，城镇化就相对容易实现得多。国家的两项行政改革政策"扩大城区面积"和"精简机构"导致了全国范围的"合乡并镇"运动，大量原有的乡被撤销，并摇身变成了镇。虽然乡、镇在行政地位上是同级，但在中国，这可是城乡壁垒中的两个行政层级，一时间，乡民变成了镇民，农村变成了城镇。但这只是名称的改变，这些名义上的镇却没有真正的城镇的公共服务机构、设施、服务能力和服务水平，被城镇化的那一部分市民人口在本质上还是农民。这种思路其实没有摆脱计划经济的思维，不过是将农村人口转移到附近的城镇，或者把他们就地城镇化。

其次，统计城镇化率是以城镇人口占总人口比例来得出的。但是，在城镇中从事第二和第三产业的人员虽然确实是城镇人口，可是这个被统计的族群却并未享受城镇的公共服务和公共产品。

再次，中国统计部门还有两个概念，分别是户籍人口和常住人口。城镇的公共服务体系对应的服务对象和公共服务体系的服务极限，其实都仅仅指向户籍人口，而多出来的大量常住人口实际上是被排除在公共服务的覆盖范围之外的。

由此可见，超过半数的中国城镇化数字是有很多隐情和水分的，数字的达标绝对不可以让我们简单等同于城镇化的事实达标。从前面的分析可以看出，主要的差距在于人口和服务之间的落差，如果按照国家目前城镇化率水平未来将超过80%的既定目标来看，这也是今后深化城镇化所不得不面对的问题。

目前，美国的城市化率接近90%，虽然经历了20世纪末的一轮城市化率降低风潮，但仍保持很高的水平。经过横向对比，中国学者将中国现有的城市化率等同于美国20世纪20年代的水平，所以我们在城市化率提高的道路上还需不断努力。而且在这一过程中，统计的合理性和科学性还要提高。最关键的是，中国未来的城市化应该从单纯地提高人口比率转向关注公共服务覆盖面的扩大和匹配上。通过消除常住人口城市化率与非农户籍人口比率之间的差距，实现非农务工者的真正市民化，才是切实实现城市化的有效科学路径。

2. 美丽的乡村 —— 视觉与新农村的关系

2005年十六届五中全会提出建设社会主义新农村的重大历史任务，并提出"生产发展、生活宽裕、

2017年在"十九大"报告中首次将"美丽"作为社会主义现代化强国的关键词。

乡风文明、村容整洁、管理民主"的具体要求。国家提出该战略计划是有所针对的，就是源于城镇化速度加快，导致乡村主要人力和资源被抽空的现实情况。

2007年国家在"十七大"又正式提出"要统筹城乡发展，推进社会主义新农村建设"的决议。2008年浙江省安吉县正式提出"中国美丽乡村"计划，并出台《安吉县建设"中国美丽乡村"行动纲要》，提出将以10年左右时间，把安吉县打造成为中国美丽乡村。"十二五"期间，受安吉县"中国美丽乡村"建设的成功影响，浙江省制定了《浙江省美丽乡村建设行动计划（2011—2015)》，随后，广东省、海南省均启动"美丽乡村"建设。"美丽乡村"建设已成为中国社会主义新农村建设的代名词，在全国各地掀起了乡村建设的新热潮。

表面光鲜的建设热潮背后，我们不难看出"美丽乡村"建设的局限和误区。

首先，乡村建设并没有在核心的体制制度和长远发展上立足，而是走了表面美化的捷径，仅仅把最视觉性的"村容整洁"要求拿来放大，并号称结合旅游产业，打造所谓的只有美丽外表的"新农村"。

其次，乡村现有的人口外流、土地和人口比例失调、公共服务缺失、传统信仰丧失等问题都没有得到正面解决，还被巧妙地转化和隐藏，这是美丽乡村建设容易陷入的另一个误区。

我在挂职工作期间，曾经被邀请去为当地一个村庄的美化村容工作提建议，整个村庄的村道两侧都已经"拆违"完毕，原本被杂物遮掩的房屋外墙全部暴露在两侧。我被引去参观了一个"示范段"，村领导自豪地介绍他们用室内装饰材料——立邦漆代替原有的白灰来刷外墙，说虽然成本高了些，但是不怕雨水，可以永远保持崭新的白。但除了这外表的整理和涂抹，我在村中并没有发现任何"软性"的提升。在一片亮白的空间里，我发现他们还用黑漆刷了每个窗的外框，使得窗内出现的人仿佛在遗像中一般。原本墙面的白灰会自然变黄的情况再也不会出现，也不会有雨水流淌过的痕迹，不会在墙上留下任何岁月痕迹，这样的"美丽乡村"，我只看到了苍白。

我在浙江北部农村还看到利用耕地进行的"美化"。以村口大路为中心，在路两侧各50米宽的农田里，只种植特色农作物，如彩色水稻和有季节观赏价值的油菜、向日葵等。彩色水稻是最近的农村领导特别追捧的"美丽资源"，利用几种在叶、穗呈现不同色彩的水稻，可以拼出创建文

明村的口号、本村 LOGO、特色图形等大面积的乡村公共
艺术品，在这些"面子耕地"上不求产量，只追求视觉的震
撼。这一点上，中国的各级决策者和规划者有一致的共识，
乡村和城市的出入门户，都是各地需要重点美化和打造的。

　　这种注重农村基建扩张和表面美化但没有真实改善农
村民生的做法，近期已受到一定程度的遏制。2013年7月
22日，习近平来到进行城乡一体化试点的鄂州市长港镇峒
山村。他说，实现城乡一体化，建设美丽乡村，是要给乡
亲们造福，不要把钱花在不必要的事情上，比如说"涂脂
抹粉"，房子外面刷层白灰，一白遮百丑。[52] 真正能深度改
变农村现状和城市现有矛盾的工作方向，绝不在表皮，而
是在对其内里的改造和提升。

---

52 引自：百度百科，"美丽乡村"词条，https://baike.baidu.com/item/ 美丽乡
村 /1644191?fr=aladdin。

3. 被忽视的需求 —— 城市的公共服务

在今天城市迅速扩大，城市人口的数字也节节攀升的同时，我们发现曾经在中国维持多年的简单的城市人群结构已经发生了巨大转变。我们必须面对城市的多族群化和因多族群化而产生的需求。

中国城市被快速地"城市化"了，与城市同时膨胀发展的还有众多新兴族群，我们已经可以深刻地感受到现在城市人群和族群的改变。在过去，没有今天房贷、车贷、孩贷集于一身的"伪中产"，也没有20世纪80年代出生、继承家产的富家子女"富二代"，普通工人以及农民的子女由于基础环境差，同时得到的教育较少，仍然未能摆脱贫穷，被称为"穷二代"。从农村出来，大学毕业后在城市买不起房，想回老家还没有农业户口的"新知青"，大学毕业后因低收入聚居的"蚁族"，还有"房奴""月光族""蜗居族""留守儿童""空巢老人""单亲家庭""海待""返贫族"这些族群。原来中国传统城市有的只是工人、职员、知识分子等简单的市民结构，但随着城市人口的猛增，财富和教育、服务等资源分布不均，过度集中，使城市族群结构变得异常复杂。

新族群的出现，是城市快速发展的结果，但也同样会是新一轮城市变革甚至社会变革的动因，消减危机才是真正意义上的现代城市管理。公众对城市管理、城市规划、生存环境、未来发展、软形象、各类城市排名都前所未有地关心和在意，并诞生了诸如"采光权""行路权""知情权""听证权"等新词汇。复杂的城市人群结构，未必会造成同样复杂的城市需求，其实我们会发现，需求反而是比较集中的。

　　对城市（生活）需求的转变与缺口，归结起来主要表现为对生活、生存权的维护，对物权的维护，以及对更高生活品质和公共服务水平的要求。具体体现在对交通服务能力的匹配、公共医疗服务覆盖的匹配、住房空间与水平的匹配、教育服务覆盖的匹配、公用设施设备的等量有效匹配等需求上。

　　有统计表明，中国城市中游离着一个庞大的人群，这个人群的人数已经超过2亿人，他们处在城市和乡村之间的灰色地带。同时根据"调查显示，中国农民工中接近70%在城市居住已超过3年，39%超过8年。虽然他们已在统计意义上算作城市人口，……多数农民工并未享受到均等的公共服务和社会保护"[53]。

有学者将这些未能完全享受城市福利的大族群命名为"半城市化"人群，指出"'半城市化'的问题阻碍着新生代农民工的身份转变和农民的终结。……实际上农民工只是在城里劳动，在福利、公共服务、社会保障等方面还享受不到市民的待遇，还是'半城市化'"[54]。

在城市的空间布局上，这些未享受城市公共服务的人群，主要分布在城市的外围，当然也有相当一部分生存在快速被城市包围的"城中村"中。这一现象并不是中国所独有的，当今很多发展中国家如巴西、印度等国也是如此，回溯百年前巴黎、伦敦，在工业化初期的城市膨胀期也是如此。

我们在前文讨论过关于"贫民窟"和"落脚城市"的对比关系，那么在中国，现有的这些未被弱化的矛盾该如何去破解，如何给暂时的"落脚地"提供一个可以期待的目标和环境，实现雅各布斯提出的"非贫民窟化"的良性走向呢？

---

53 黄亚生、李华芳编著：《真实的中国：中国模式与城市化变革的反思》，北京：中信出版社，2013 年，第 105 页。

54 同上，第 125 页。

4. 被忽视的环境 —— 发展与透支

支撑今日社会发展的三大动力，是劳动力、产业和城市。城市的发展，是三者综合作用的结果，也是人类干预自然的强度和规模不断扩大的结果。其中产业发展，尤其是工业产业的高速发展使全球出现森林覆盖面积缩小、草原退化、水土流失、沙漠扩大、水源枯竭、环境污染、环境质量恶化、气候异常、生态平衡失调等现象。

虽然现今中国一些经济发达的地区已经开始意识到环境保护与城市发展之间的矛盾，并已推出如"退二进三"之类的产业调整政策，减少工业尤其是制造业在产业中的总比重；以更为绿色的服务业取代高污染、高排放的第二产业，同时在用地分配上，减少工业企业用地比重，提高服务业用地比重；但1990年至2000年间制造加工产业给中国环境带来的危害，并不会因为产业结构调整而马上得到清除和排解。很多地区的环境破坏问题和资源危机是非常严重的，以浙江省永康市为例，永康是中国的"五金之乡"，当时有50余万人口的永康拥有10000余家民营五金企业，五金科技城的年交易额达到400亿。炫丽的数字下，由于五金工业中的电镀流程，该地区的土壤、水体（甚至200米以下的地下水体)、空气都受到严重污染，仅重金属污染一项指标就不是一朝一夕可以扭转的。浙江省金华市的浦江县，以水晶加工业为前期积累的主干工业，但这导致县内河流污染严重，水体一度浑浊得像牛奶。同样的环境遭到破坏的后果在浙江、江苏等工业化先发的城镇都很突出。

中国曾一度自豪于被称为"世界工厂"，但也同时承受着低端工业环节所带来的环境损失的代价。发达国家将高污染、高排放、高能耗的工业加工环节放置在远离自己国土的发展中国家，虽然给后者带来了大量的就业机会和经济增长的机会，但代价是对资源、环境、健康的深度破坏和消耗。透支发展也许是进入现代工业社会的必经之路，但这不是一个可以长期依赖的经济增长模式。

二、城市形象、视觉营造之误区

1. 城市间竞争和千城一面

在今日的中国，城市与城市之间的竞争从未如此激烈和突出过。竞争主要来自对政治资源、经济资源和发展资源的综合竞争，同时，也没有一个时代像今天一样，城市被各种排行榜单所绑架。

虽然2013年5月国务院取消了10个城市评比达标和表彰项目，但此前各类城市评比如：全国文明城市、全国卫生城市、全国旅游城市、最具幸福感城市、十佳优质生活城市、十大浪漫城市、全国百强县市等，多得数不胜数。还有很多评比内容相互交叉，让评比和创建都显得无所适从，如与生态环境相关的全国城市评比项目就有4个：国家级生态市、国家生态园林城市、国家园林城市、全国绿化模范城市，评比项目的密集度也同样是当前中国城市间竞争关系的缩影。

种类繁多的评比和各方面的综合竞争，最终造就了中国城市建设的同质化和管理思路的同质化。

文明城市的评比最终变成了整洁城市、"面子工程"的比拼，成了管理者刻意安排、整理和打造的城市。是否与城市居住者的生活质量提升有关，是否真实解决了城市族群的需求与矛盾，是否是一座有独特精神和独特文化的城市这些问题都在评比中被评与被评者忽略。

城市间片面竞争的结果，使得除了GDP增长等经济指标以外，在城市视觉空间中，只剩下笔直宽敞的干道、干道两侧高大光鲜的建筑、恢弘巨大的城市广场、整齐划一的城中村改造……我们在任何一个城市已经找不到像原有的街坊邻里可以扎堆打牌聊天的地方，取而代之的是清一色的商业和娱乐景象。连通过一张留影都无法分辨出是哪个城市，这就是今天中国城市面貌趋同的实际现象。

　　造成千城一面的原因还在于套用成功案例，忽视自身特色。许多城市为了在建设上"少走弯路"，会非常积极地学习和模仿国内外先进城市的建设模式甚至细节，有些城市甚至直接聘请相同的智囊团队和设计规划团队来为自己"复刻"一番。我本人及所带领的设计团队也接到过这样的"简单"邀请，对方只是看中了我们曾经在其他城市的设计成果，要求很简单，就是一模一样地在他们的城市重复设计一遍，越快越好，不必费心做任何改变和调整。他们对我们提出的针对该城市的特色挖掘和深度调研，则明确表示不需要。

2. 城市视觉营造和城市美容

中国城市的建设，不知从何时起变成了城市形象的应急、粗暴塑造。

应急，是非常有中国特色的建设模式，近年来，我无论作为设计者、设计任务的评判者抑或是设计任务的委托者，都能够深切地感受到。中国的城市建设往往有几个固定的、需要注意的时间节点，分别是五一节、国庆节、元旦和农历新年。在这些时间节点面前，诸如前期调研、可行性研讨、设计进程管理、设计评价、使用者体验与反馈等必要环节均必须为工期节点让路，因为这几个时间节点往往带有庆祝、献礼的潜台词。

限期完成，且有时是明知不可完成而必须完成，因此城市建设项目必然会向表面视觉层面靠拢，因为那似乎是可以在短期内突击完成的，并且是非常光鲜的，而看不见的层面则可以暂时跳过或以后再说。21世纪初，杭州某社区雨后积水淹没新建楼房的一层，原因就是市政部门和开发商都没有去做那看不见的地下排水管网，导致雨水无处可去。更有甚者，2007年曾经有一个市政工程，竣工典礼的前一天还满是建筑垃圾，入口的道路还没有铺设沥青，垃圾无法及时运出，道路边的行道树都没有种，路灯也未设置。可第二天我参加典礼时发现道路、绿化、路灯都完成了，整齐有致，堆得像小山一样的垃圾也不见了踪影。后来才得知路灯下端根本没有埋设电缆，因为竣工检查在白天也不需通电，而旁边漂亮的小湖下面竟然就是建筑垃圾的藏身地。

这些是比较极端的应急赶工例子，但即便改造项目在有时间、有余地的情况下，我们的城市视觉营造也没有做得更好。多数情况因为没有从公众角度和特色文化保留的角度去规划和设计，导致许多改造项目沦落成简单的城市美容。

在国内，当然也不乏成功的案例值得借鉴，这里我们可以通过杭州"背街小巷"和"庭院改善"工程的案例来进行分析。

杭州一直被称为"宜居城市"，这得益于自20世纪末开始的城市视觉空间营造工作。由于起步早、城区面积小和决策者前赴后继的坚持，杭州的城市面貌提升工作及成果在全国处于领先地位，一直是全国兄弟城市参观学习的对象。杭州在经历10余年城市基础建设提升之后，在2010年提出新的城市提升目标，即"背街小巷"和"庭院改善"工程。

这两项改造工程目标的提出，已经将杭州与那些还在简单地为城市建筑"穿衣戴帽""打造城市主干道和出入口形象"的初级改造拉开了距离。杭州市从2004年开始启动"背街小巷"改善工程，至2010年，共完成了2953条背街小巷改善。除了修葺小巷生活设施外，还提升了治安等级，使众多小巷既美观宜居又安全，对旧城区居住人口做到了真实的民生关怀，投入资金18亿元，受益群众超过200万。从2007年开始，杭州市又启动了"庭院改善"工程。该工程主要针对20世纪80年代以前建设的老旧小区，这类小区在基础设施、绿化率、安保设施、公共服务配套上均无法与新建小区相比拟。至2010年，累计完成972个庭院、4532幢房屋的改善任务，受益户数21.9万户，受益群众65.7万人。两项工程具体以道路平整、积水处理、庭院绿化、楼道和道路照明、城市家居、停车位设置、公厕改造、晾衣架设置、一户一表和数字电视进家等为内容。

今天再回看杭州的做法，仍不失为最好的解决城市"落脚地"的方法。

　　这类工程并不光鲜显眼，近3000条小巷和近1000个老旧小区，它们不是杭州旅游者的目的地，改善工程恐怕无法创造GDP，也不是向外人炫耀的"光鲜客厅"，它们很不起眼。它们之所以得到民众的认可，是因为在功能和视觉上的同步提升确实改善了几百万居民的生活小环境，甚至是生活的全部。

3. 纪念碑和个体需求

中国城市形象营造中，建设具有仪式感、纪念碑式的城市大型公共建筑和空间，一直是很多政府决策者的思想误区。今天城市的更新和扩张，已经不会像梁思成先生当年建议北京另建新城那么困难了，许多城市纷纷选择了在旧中心的外围营建新城市中心的思路。

但全新的建设往往会让决策者、规划者更多地选择宏大的纪念碑模式。这样的营建情结，我们可以从中国各级城市的市政府大厦、城市中心广场、CBD核心区和所谓的"城市客厅""城市阳台"等的营建现状明显看出来，它们无不以威仪示人。究其原因，这普遍来自国际流行的"现代主义城市风格"和中国传统官方营建的威仪感的驱动。

熟悉城市发展历程后，我们发现今天中国快速城市化的进程并不是什么新鲜事物。早在20世纪50年代，巴西像今天的中国一样，发展速度和动力让全世界都为之侧目。历史仿佛在调皮地循环着，巴西当时以约11%的GDP增速迅猛发展，时任总统库比契克大力推进工业化，并进而推动城市化进程，新首都巴西利亚是用3年多时间飞速规划和建设起来的，设计师奥斯卡·尼迈耶和卢西奥·科斯塔都是"现代主义城市风格"旗手柯布西耶的拥趸。故此，巴西利亚在很短的时间内在一种极具纪念碑象征意义的原动力下被建成了，但之后的使用却引发了本市居民和城市研究者的诟病，过于追求仪式感和过分死板的功能分区，使整个城市生活失去活力。

马歇尔·伯曼曾经这样描述巴西利亚城："从空中看，巴西利亚城富有动感，令人兴奋……不过，从人民在现实中居住和工作的地面上看，它却是世界上最沉闷无趣的城市之一。……好像到了一个巨大的空无一物的地方，个人处于其中会感到迷失，就像一个人在月亮上那么孤独。那儿有意地缺乏人们能够在其中会面交谈乃至聚在一起彼此看上一眼的公共场所。拉丁城市居民的生活方式，亦即以一个广场市长为中心组织城市生活的伟大传统，被明确地拒绝了。"[55]

城市其实不需要纪念碑，更不必将城市本身建设成纪念碑。城市的居民之间，城市居民与所在城市之间，应该保持一种持久的可沟通、可对话的状态，这是每个生活在

---

55 马歇尔·伯曼：《一切坚固的东西都烟消云散了》，徐大建、张辑译，北京：商务印书馆，2003 年，第 3 页。

城市中的个体基本的也是最重要的需求，也许它没有什么现代性可言，但个体沟通需求自古就是城市甚至文明的首要价值。

4. 要建筑还是要城市

　　建筑不能代表城市的全部，这一观点在前文已经讨论过，但在国内城市建设中却普遍出现对建筑本体盲目崇拜这一个不良的现象，具体表现就是对尺度与功能严重失调的公共建筑与公共空间的盲目崇拜。沙里宁曾这样阐述他的倾向："城市的改善和进一步发展，显然应当从解决住宅及居住环境的问题入手，而不应当着眼于广场、干道、纪念性建筑，以及其他引人注目的东西。"[56] 关于建筑与城市的关系，格迪斯的观点是："建筑师不断地从国家和机构的权威那里获取灵感，而很少考虑邻里的居民利益和家庭的具体特征，很少考虑文化观念及其表现、社会和道德的

---

56 伊利尔·沙里宁:《城市: 它的发展、衰败与未来》, 顾启源译, 北京: 中国建筑工业出版社, 1986 年, 第 4 页。

兴趣所在以及心灵和创造力的提升。"[57]

我曾受邀参与中国东部一个计划单列市的新城公共空间与交通信息系统的设计委托工作。初到该城市建设指挥部时，发现他们在提及建设理想最关键的三条时，把"重视设计"放在第二重要的地位，当时心里着实一喜，仿佛感觉到决策者的开明。但我后来发现，被重视的设计仅限于建筑单体的设计，从沙盘上，委托人自豪地指着不同国家建筑高手们的"艺术作品"给我们做讲解。响亮的建筑师名字之下，却是整个新城从天际线、城市造型、城市色彩到公共空间的支离破碎，而邀请我们，正是希望我们能去解决和协调这些"孤傲艺术品"的整体关系。

曾经与梁思成先生共同提出北京建城"梁陈方案"的陈占祥先生晚年接受采访时，曾对建筑与城市的关系有以下观点："今天在建筑设计上，最令人讨厌、麻烦的一个问题就是个体建筑，它强调个性，……让人害怕，这使我想起了一位英国建筑师发表的一个小册子，书中提到建筑，建筑设计中的有礼貌和没礼貌，'badman and goodman

57 帕特里克·格迪斯：《进化中的城市——城市规划与城市研究导论》，李浩、吴骏莲、叶冬青等译，北京：中国建筑工业出版社，2012年，第89页。

architect'，有礼貌和没礼貌的建筑师。……当初修建长安街的时候，第一次是建'四大部'，纺织工业部、煤炭部、外贸部、公安部这些建筑摆在一条路上，……不过每栋楼它们有自己的中轴线，两旁对称，所以这些建筑也不能强拉在一起，你是你，我是我，我中间一坐，按中国的传统，左右两厢，你这样，我也这样，相互不说话，无统一性，……我们一定要强调建筑的整体性。"[58]

而今天中国城市中，由于受执政业绩和城市竞争的左右，决策者远没有清醒摆正建筑与城市的关系，反而以树立标新立异的所谓"地标建筑"于城市空间中为荣。在全球城市化发展趋缓和停滞的今日世界，来自中国城市的旺盛需求使得中国城市被称为"万国建筑试验田"。以北京为例，国家大剧院、国家体育场（鸟巢）、国家游泳中心（水立方）和备受争议的新中央电视台总部大楼，这些现代新建筑不断地破坏和撕裂着本已经面目不保的古都。

同属亚洲都市的东京，在面对建筑与城市的关系抉择时，公共知识分子和公众表现出的观念先进性远高于国内

---

58 梁思成、陈占祥：《梁陈方案与北京》，沈阳：辽宁教育出版社，2005年，第85页。

城市。以2020年东京奥运会主体育馆设计方案引起日本社会的轩然大波为例，著名建筑师扎哈·哈迪德的设计方案虽然被官方选中，但这个方案却遭到100多位日本建筑师、文学家、历史学家等人的联名抵制，并要求修改方案。究其原因，是该建筑与周围环境严重脱节，像外星来客的巨型飞船降落在东京的核心区一般，仅是建筑师个人英雄主义情结的表达。整个事件从一个侧面表现出日本城市观念的成熟。

对于过去的城市而言，尺度合适的公共建筑与空间无疑是必须的，它们是城市的凝聚点与信息集散中心，是城市生活的必要空间场域，也是城市居民心理与视觉认同的依托。随着信息爆炸和网络的无缝渗透，城市生活已将多数实体物理功能需求转化为虚拟应答与解决，米歇尔在他的《比特之城——空间·场所·信息高速公路》中早有预言。但中国当今的城市规划中，很多决策者和规划者仍抱着旧有思路在行使权力，超乎寻常尺度的公共建筑与空间被"砸"向本已不具逻辑的城市空间，业绩远远大于使用需求，成本和能耗远大于功能与效用。

5. 城市的"有机更新"

在今天的中国城市发展进程中，无论从决策者或是设计者口中，我们会高频率地听到一个词——"有机更新"。有机一词是相对无机而设，最早见于沙里宁的"大赫尔辛基规划"设想中的"有机疏散"理论。"有机更新"随后也成为全球规划设计和城市演进中的核心词汇，在不同历史时期以及不同的人类抉择关口中，始终保持其远见的价值。

真正的城市"有机更新"，本身保有着几个核心特色。

首先是更新的关联性，有机的关联性，就是指城市更新必须考虑布局、硬件、功能改变和提升的同时，与之血脉相关的城市历史、文化、生活方面的关联性不被破坏，同时关联性还体现在可持续性上的发展关联。

其次是更新的渐进性和谨慎度，变化与变革需要缓慢而缜密周全地进行，必须依托科学而严谨的判断与远见。

最后，"有机更新"必须是为未来留有发展开口和足够可能性的，只有这样，才可真正成为"有机体"而主动生长，并保持足够的未知发展可能性。

然而在中国，城市的"有机更新"理论却一再被误读和误用，它的危害程度远远大于对建筑的误读和对"美化"

的误读误用。究其原因，是它以更隐蔽和完整的形态，出师有名且理论"完备"，整体地破坏掉了城市的原有"有机"生态。

原因在于中国城市改造的粗暴思路，认为阻碍城市发展的障碍只有两种对象：可拆除的和不可拆但可更新的，而且是仅有的两种，根本不存在第三种对象。城市中所谓不可拆除的，往往是城市精神、文化、历史、记忆的浓重承载体，是该城市区别于其他城市的标志性特殊基因，正因为它们的存在，城市才是活的和有机的。保护和延续并发展它们，远远比拆除它们难得多。但现在，"有机更新"成为一个对各方都有个"交代"的万能钥匙，可以去"轻松"解决原本无法突破更新的困局。在这样的指导思路下，在"有理有据"地完成了现代城市发展的理论铺垫之后，对不可拆除的对象进行"有机更新"变得既具理论性又具操作性，俨然成了所有城市决策者和设计操盘手解决城市复杂问题的尚方宝剑。

2005年至2008年北京对前门历史文化街区的粗暴更新就是鲜活的例子，此过程中的许多环节步骤也是今天遍布全国的"有机更新"的缩影。首先，区政府委托高校研究机构制定保护、复兴规划设计研究，初步确定控制性规划还是"有机"的，但接下来的实施却没有按照有机更新的步骤和方法，而是以业态功能改造为核心并引入社会资金开发商业，拆迁全部旧建筑，重新进行土地的一、二级开发。至此，在北京前门地区存在了400年的商业老字号、会馆旧址、寺院遗存、众多历史保护建筑等全部被一揽子"更新"，虽然打着原拆原建的旗号，但几乎所有旧建筑都被粗暴更新成"老假古董"。原有的商业业态被土地开发绑架，即便可以回迁的老字号们也无力在新体制的街区中立足，被"有机"地排斥和淘汰了。

为此，2006年3月8日冯骥才等8名全国政协委员联名提交了题为《抢救保护北京前门历史文化街区》的提案。提案针对的是前门历史街区的拆除和所谓的"有机更新"，并将这样的粗暴更新与20世纪50年代拆除北京城墙和城楼相提并论，甚至指出当前的改造比那场浩劫造成的破坏更严重，冯骥才将它命名为"规划性破坏"，直接指出了它的残酷性和破坏力。"好多的规划方案在我听来就是尸检报告，就是把原来丰富的历史积淀的整体给解构了，完全按功能重新划分，把历史本身活生生的生命变成一个个尸体,然后搁在手术台上进行分析"[59],在之后一次研讨会上冯骥才又发言指出,"我们对我们的城市没有做过文化上的认定,我们现在讨论得比较多的是物质性的建筑,可对它里面人的灵魂与人与地域的关系,没有进行研究就开始动手了"[60]。

"有机更新"在变成一种借口后,着实有效地破坏着城市这个有机体。

三、科学城市观之缺乏

中国要构建和发展现代城市,首先需要有科学的城市观。

科学城市观的形成包括正确认识何为现代城市、何为现代市民、何为现代城市生活,以及何为现代城市服务与管理。

59 王军:《采访本上的城市》,北京:生活·读书·新知三联书店,2008年,第291页。
60 同上。

1. "家"还是"国"——农业国基础下家族观念和宗族情结

缺乏科学的城市观主要表现在无法正确界定和区分"家"与"国"，其根本原因是中国的农业国基础。自《吕氏春秋》起已经提出"上农"的概念，一直以来，"农为本，商为末"始终是中国社会关系以及社会价值的标准。上农的基础是家庭和家族。

"国"的概念在中国一直是模糊的，《礼记·大学》中提到的"国"，实际上只是诸侯的邦国，而"天下"才是指周王朝，和我们今天理解的"国家"概念相当。但是，"家"就不同了，按照《礼记·大学》的逻辑，自己"身"之外的第一层社会关系就是"家"，费孝通先生称之为"事业社群"，可以承担政治、经济和宗教的功能。这也同时代表着在中国"家"远不是一个因繁衍而暂时聚集的组合，是带有氏族性质的经济、政治、宗教利益合一的团体，这样家的概念与西方大相径庭。

按照费孝通先生的观点，中国有着特有的差序格局，是一个"一根根私人联系所构成的网络"[61]，这样的格局与

---

61 费孝通:《乡土中国》，北京：生活·读书·新知三联出版社，1985年，第29页。

现代西方的团体格局是截然不同的。团体格局，意味着人人都依靠一个基本的联系体，这个联系体在西方即是国家。与国家紧紧联系着，并为这一联系体可以有所牺牲的人，才可被称为公民。

以此思路来分析，中国的联系网络靠的是个人，最多是家族，与之相匹配的管理方式也同样是宗族家长制的模式，而西方靠的是国家和城市。我们的民，只能算是"个人""家民"，最多算是"村民"，而距离市民、公民还有距离。

但是这样的格局并不是一成不变的，市民的成长和成熟有时比我们想象得快，如果市民已经逐步成熟，而管理思想还是宗族化、乡村化的话，势必会造成早期城市冲突。

我们可以从另一个侧面去考察一下中国历史进程中的民变运动，从而得出中国的城市市民基础的历史面貌。明、清时期，由市民不满引发了多次民变，预示着在中国，已经开始由单一的农民起义开始转变为更加复杂的社会冲突。

民变的发生，证明了城市阶层结构逐步复杂的趋向，同时预示着城市的渐进成熟。大量研究的推进，使以往笼罩社会学界、马克思史观的唯一的"资本主义萌芽说"也逐步被质疑并导向研究的多元化。社会冲突的来源已经被证明不仅仅来自阶级与经济，而是由社会阶层间关系的公平与否、市民对城市已经形成的集体期待、新阶层新势力（如"生员公议"）形成而增加的矛盾等方面组成。

判断城市矛盾，绝不能再教条地使用农村经验来一言蔽之，这是我们必须谨记的。如明、清时期城市中发生的"抢米风潮"绝不能用地主与佃户间的阶级矛盾来粗暴解说。这类民变的发生，潜台词其实是市民对城市已经开始有了集体认同，已经形成某种集体期待，是对城市保障市民生活的责任表示强调，同时对流通和物价表示不满，这些才是具备城市意义的市民行为判断与思考。

市民与城市，是同步发展和自我觉醒的，有时，因为不佳的城市状态反而使市民的养成变得更超前。当市民与城市发展的层级不同步时，市民会丧失对城市的期待。明、清时期的民变这种社会集体行动，一方面表现了中国城市社会结构的变迁，有市民进化的某种显现，同时内里包含着传统的农耕思想，另一方面，传统政府以旧式的镇压方式结束了城市市民的需求抗争与申诉，这也是中国城市管理所特有的局面。

2. 村民、市民、公民

城市组成，基础是市民。换言之，城市由市民组成，但生活在城市或与城市有着紧密接触的人群就是市民吗？回答是否定的，因为这是一个不可逆的概念。

城市扩张在先，失地农民被动成为非农人口，这在前文已经有叙述。这些被动形成的人口仅仅是非农人口，还远不是市民，因为流动人口在为城市创造财富的同时，不能享受到城市相应的服务。这些流动的新人口，游离于城乡之间，他们在本质上还是村民。

村民到市民的转变，不仅仅体现在身份认定和服务享受上，在另一个层面，是否已经摆脱中国传统的"家族"价值观，同样是衡量的标准。家族价值观是在村民原有环境中形成的，并会指导其参与群体生活和自我实现，由于城市是一个巨大的集合，它的组成往往不是以家族为基本单位，而是以个体以及个体集合的团体人群为基本组成单位。

梁启超提出过关于城市、关于市民的精辟论述 ——"中国有族民而无市民"[62]"有乡自治而无市自治"[63]。梁的观点认为中国社会人群与西方的不同在于家族生活偏胜和集团生活偏胜的不同，中国以乡党家族为社会基本组成元素，汇集成总体社会人群，靠伦理进行约束和管理，而西方经历千年宗教人人平等观念的陶冶，破除家长家族的间隔，个体直属于团体、集团，演化成自由都市与现代国家，靠的是法律和政治进行约束和管理。中国的乡党成于家族，所谓的乡自治，其实是家自治或族自治，并不同于西方的集团。

公民一词，现在常被媒体提及，我在这里使用的并不是法律意义上的公民概念，而是指一种比市民更高阶的城市人群总称。如中国台湾学者在21世纪初提出的"公民美学""公民道德"等概念，均不是以法律权利作为人群的界定标准。市民到公民的转变，则需要在享受服务的同时，更多介入城市生活管理、规则制定，维护权利的同时又进行自身约束，树立自身价值观的同时影响更多个体，以期最终塑造共同的城市文化和城市生活。

---

62 梁启超：《梁启超讲文化》，冯志阳编，天津：天津古籍出版社，2005年，第237页。
63 同上。

沙里宁在谈到城市人群时，提出不应以单纯的群体来看待整个城市人群，应该"把人民当作由许多个人组成的集合体"[64] 来看待，并相信"良好的个人能够组成良好的群众"[65]。他认为城市所形成的文化气氛，由人群造就，同时也会反过来熏陶着人群和每个个体。他坚信人在城市中，不会走向利己的粗鄙的个人主义，反而因每个个体的合作而主动明智地选择更具建设性的思想。

　　由村民到市民，需要的是身份和意识的同时转变与养成，而从市民到公民的跃进，则是由个体私权维护与认可向更高的公权认同与维护递进，才可形成人类集体城市生活的理想阶段。在这一发展路径上，中国的公民养成才刚刚起步。

---

64 伊利尔·沙里宁:《城市: 它的发展、衰败与未来》，顾启源译，北京: 中国建筑工业出版社，1986 年，第 6 页。

65 同上。

3. 只重"硬形象"而不重"软形象"的城市观

中国现阶段城市发展有一个最明显的表象——"城市趋同",这个"同"也有多重指向,其一,指的是城市风貌、街道、建筑上的视觉雷同;其二,指的是管理者所持的城市错误观念趋同。归结起来解读,这个"城市趋同"现象,是没有正确认识城市的内在与外在,没有同时抓好城市的"硬形象"与"软形象"造成的。

下面,我以中国、韩国两国在城市软形象上的观念差异来加以说明。

2010年7月,国务院正式批复了北京市政府关于调整首都功能核心区行政区划的请示,将原东城区、崇文区合并为新的东城区,原西城区、宣武区合并为新的西城区,自此,北京崇文、宣武二区的区名正式作废。一个城市行政区划的变更,本是现代城市科学发展的应有过程,本无可厚非,但政府决定仓促,不经民意征询,也没有召开市民听证会和接受人大代表质询,这种粗暴的行政在当时引发了学者、专家以及"老北京"们的一片惋惜、质疑和反对。

其中,最受诟病的是以经济发展落后作为撤并理由,据黄艾禾的《崇文宣武:平民之城》一文中说,人们通常

111

也将崇文、宣武这两个区称为"南城"。将其合并进东城、西城的原因，按政府和规划专家们的说法，是因为这两个区"经济发展落后"。早在2005年时，北京市社会科学院城市问题研究所已经向市有关部门提出城区合并建议，他们建议干脆把四个区合为一个区。他们提供的数据是，2003年南城地区人均生产总值和东城区、西城区相比，崇文区落后6年至7年，宣武区落后1年至2年……1999年至2004年大型公共设施项目在北城的投资是南城的28倍。

注重经济、注重政治，成了除名的理由，但笔者和很多人一样，觉得应保留崇文、宣武的区名用于新区。因为，这两个名字代表了北京南城的"软形象"，崇文取自"文教宜尊"，而宣武出于"武烈宣扬"，分别用于城南左右两座城门的命名。曾经的宣武区是有3000多年历史的藏珍蕴秀的宝地，区域范围涵盖了金代都城遗址，是北京各城区中帝都脉络最悠久的，清代是汉族朝官、世子聚居之地，也是各地会馆最集中的城区，商业、娱乐发达，催生出以士人文化为核心的"宣南文化"。而崇文门一带，是旧时传统工艺美术厂家聚居之地。

故此，崇文、宣武这样的区名非北京莫属，只有真正拥有过那段历史并与历史共同演进的北京城才当得起，作为北京丰厚软形象的一部分独特而珍贵，其对于城市的独特程度远远高于所谓的"经济发展"，但却被仅仅当作地名而被迫消失了。反过来看，东城、西城这样的区名，放在全国，哪怕是在一些三线小城市中使用也没人觉得不妥，因为它们不是北京城市文化和城市软形象的真正内在，没有唯一性。

历史有时很讽刺，与北京的崇文门有衣钵传承关系的韩国的崇礼门，经历了完全不同的待遇，通过了解韩国的崇礼门纵火案件和国家、政府、市民的对应态度就可见一斑。2008年2月10日，一名69岁男子因不满政府土地赔偿条件而纵火烧毁位于首尔中区南大门4街的崇礼门，即韩国视之为一号国宝的南大门，使原本的木质上层建筑悉数被烧毁，只剩下石质基座和门洞。

政府对事件非常重视，及时扑救减少损失并追查原因，使嫌犯不久落网并将其严惩，市民对此也异常痛心，仅在2008年2月16日和17日两天，前往崇礼门哀悼的市民就有4万人。接下来的修复工作也缜密展开，由韩国文化财产厅制定了现场整理、考证调查设计、正式修复的三阶段，不是维修，而是全面复原，包括天然材料金刚松也必须原汁原味。经过5年多的重建工作，耗资250亿韩元的复原工程于2013年4月30日正式完成，2013年5月4日由时任总统朴槿惠亲自主持了盛大的竣工典礼。入夜还在崇礼门上演了绚丽的现代灯光秀，并通过电视、网络全球直播。竣工典礼俨然使崇礼门这一"硬形象"成了国家"软形象"和城市"软实力"的最佳代言。

二者对比，北京的决策者们会认为学者、市民纠结于一个城区名称的存亡未免"小题大作"，牺牲是为了"硬形象"；而在韩国的首尔，政府、决策者和市民却不约而同地"小题大作"，付出是为了"软形象"。其实，首尔的崇礼门无论在历史地位、建筑体量、文物价值上比起北京在中华人民共和国成立初期拆毁的众多城门来说，真是显得没什么"保护价值"。拆除北京那些城门时让梁思成痛得像剥了自己的皮，这恰恰反映了两国城市价值观上的巨大差异，反衬出我们的城市观还不够科学并且显得片面、急功近利。

4. 计划经济模式下的城市观

在中国，即便市场经济已经占据了国家乃至城市发展的主流，但旧有的计划经济思维与管理模式仍旧深刻地影响着中国现代城市的演进和发展，最明显的例子就是新疆生产建设兵团在新疆营造出的一座座新城。

2014年10月7日，是新疆生产建设兵团成立60周年的日子，经历了60年的完整计划经济统辖，又恰逢国家大力推进城镇化建设，兵团也提出由原有的"屯垦戍边"转变为"建城戍边"，以"一师一市"为基本建城方向，似乎也顺应潮流、顺理成章。据国务院新闻办发表的《新疆生产建设兵团的历史与发展》白皮书称："在中央和自治区的统一领导和规划下，兵团以人口分布、土地利用空间为重点，统筹产业布局和城镇布局，按照'师市合一、团镇合一'的原则和师建城市、团场建镇的思路，大力推进城镇化进程。截至目前，兵团已建成阿拉尔市、铁门关市、图木舒克市、双河市、五家渠市、石河子市、北屯市等7个县级市和金银川镇、草湖镇、梧桐镇、蔡家湖镇、北泉镇等5个建制镇，初步形成以城市、垦区中心城镇、一般团场城镇、中心连队居住区为发展架构，与新疆城镇职能互补，具有兵团特色的城镇体系，城镇化率已达62.3%。"[66]

---

66 引自中华人民共和国国务院新闻办公室，《新疆生产建设兵团的历史与发展》白皮书，http://www.scio.gov.cn/m/tt/Document/1382520/1382520.htm，2014年10月。

从数字上看，兵团城市的城镇化率已经大大超过国内城市的普遍水准10个百分点以上，而且，其中的石河子市还在2000年被联合国评为人类居住环境改善良好范例城市，2002年被正式命名为国家园林城市，不禁会让人们觉得在聚焦中国东部城市迅猛发展的同时，遥远的新疆也有一抹城市建设的亮色。但恰恰在这些光鲜的表象之下，兵团城市有着计划经济思维模式的天生硬伤，使今后的城市发展举步维艰。

　　究其原因，症结就在于兵团本身的党政军企"四合一"的计划经济体制。兵团不仅是单纯的维稳戍边的特殊组织，同时又是一个社会经济组织，再者兵团既不是健全的政府组织，也不是健全的企业组织，更不是健全的军事组织，它集各种残缺职能于一身，互相冲突、掣肘，形成一种简单混合而又混乱且违背规律的应急式设定。所有这些弊端导致的结果就是兵团城市表面光鲜，实质却严重缺乏自我发展的活力。2008年，兵团农牧团场平均负债率达90%，更使得兵团城市本身就充满不稳定的因素。

　　原因之二是兵团与地方政府的特殊关系，由于兵团是省级的计划单列建制，这导致兵团城市始终无法真正实现社会化、市场化管理和经营。非但没有与地方政府相协同共发展，反而互相牵制，并且双方持续相互制约。正因为兵团城市与周边市场和社会互不相融，资源、服务、管理、收益都被体制隔断，所以兵团城市被当地人戏称为"飞地"，甚至新疆地方干部更多地支持撤销兵团。

由于这样的体制，兵团城市变得像是"四不像"城市，当地人戏称"是军队没军费，是政府要纳税，是企业办社会，是农民入工会"。由于没有城市本应有的工商税收管理权，使得城市财力疲弱，而权力却又被高度集中，久违了的计划经济时期的特权仍顽固残存，城市人口增长迟缓甚至出现逆增长，由于得不到应有的城市服务和城市管理，人口聚集只能成了空想。兵团城市体制改革的方向就是彻底去除兵团体制的特殊性，要与地方政府具有同样完备的社会管理职能，实现与地方社会管理体制的共同化。

在国家政策指导下，全国援助新疆工作已经持续多年，但耗费人力物力的援助并没有真正带来更好的发展，也没有形成更高的城市层级。由此可见，对兵团城市最好的援助，并不是援助干部和资金，而是彻底改变兵团城市体制，即尽快使兵团拥有一个健全的市场经济体制。

兵团城市，是中国城市建设中的另类和极端，是2000多年前西汉"屯垦戍边"在现今时代的延续和变异，仅仅简单地认为可以"建城戍边"是浅薄和短视的。兵团城市并不是真正意义上的城市，它负载了太多旧体制的障碍，遍布新疆的这些已建成和在建的城市。这些城市的建立不是站在科学城市观的角度而思考的，由于过多的体制、属性附着在其上，导致城市未具备城市的基本功能和发展源动力，其功能充其量是延伸后长城上的烽火台，而离真正意义上的城市还相去甚远。与此相类似的还有被称为"鬼城"内蒙古自治区的鄂尔多斯市，单一的产业无法支撑复杂的城市生态而导致人去城空。"飞地"也好，"鬼城"也罢，它们都真实地在我们耳边敲响了科学城市观的警钟。

四、中国城市问题的特殊性和普遍性思辨

1. 中国城市人群本身的特殊性和不可复制性

中国城市人群是有其特殊性的，而且这种特殊性必须把它放回到原初的状态去探究，即从去除今天因社会公平不足、社会分配不平衡所造成的干扰后的状态来考量。

讨论中国城市人群的特殊性，绕不开探讨中国人的精神，清末文化怪杰辜鸿铭曾这样总结："我所指的中国人的

精神，是那种中国人赖以生存之物，是该民族在心、性和情（mind, temper and sentiment）方面的独特之处。……在真正的中国型的人之中，你能发现一种温和平静、稳重节制、从容练达的品质，正如你在一块冶炼适度的金属制品中能看到的那样。"[67] 辜鸿铭所描述的中国人的独特之处，在我们看来仿佛与现今国人全无瓜葛，甚至全然相反，我们今天如此浮躁、奢靡、奸猾，那种练达和冶炼适度也变成了钱理群先生口中"精致的利己主义"，辜鸿铭总结的"粗而不臃""丑而不恶""俗而不嚣""愚而不谬""滑而不奸"等温良文雅之品质也荡然全无，他所描述的"即使在社会最下层亦然"[68] 的这些品质到底去了哪里？

为说明这一点，我们可以参考一个事例：中国台湾大学的大学生，因不服外国人对中国台湾乘客不排队而哄挤公交车的嘲讽，自发自律地在中国台湾大学附近的公交车站排队并期待形成风气，但实验以失败而告终。原因是公共交通服务配比的严重不足或偏差导致我们认为是人的道德出了问题，而当中国台湾大学周边的公共交通资源增加

67　辜鸿铭：《中国人的精神》，黄兴涛、宋小庆译，中国台北：五南图书出版股份有限公司，2008年，第53页。
68　同上。

之后，原来以为败坏了的"道德"仿佛又回来了。这就是我提出抛弃目前社会分配造成的扭曲而去看人群本质的意图，否则，我们似乎永远看不清人群和我们自己。

我们会曲解孔子的一句话"丘也闻有国有家者，不患寡而患不均"[69]，往往会将它和绝对的平均主义联系在一起，把它推到一个绝对公平的虚幻世界，其实我们可以承认，也必须承认在城市中有贫富差距，正确理解下的"均"应该是机会，民众更关心的不是均不均，而是有没有的问题。

由此我们可以这样判定，中国人特有的这些精神性的特质，一直存在，并没有如柏杨描述的完全丑陋，丑陋是表象，它会因环境而改，因体制而变。我们现在需要解决和思考的是如何将这些特质"还原"，最难的还原环境也许就在城市，但最容易的还原环境也许也正在城市。

2. 特殊发展阶段遭遇到的问题

关于借鉴先进城市的成果和方法，这也是需要辨析的

69《论语》，张燕婴译注，北京：中华书局，2006 年，第 250 页。

一个认识。

首先，我们需要看清国际、国内先进城市之所以先进的本质，对先进城市如何形成先进和现代的整个成因和过程进行全面了解，同时着重把握先进城市如何保留和彰显自身特色和既有优势的方法。我们今天的城市决策者其实不缺考察经验，我在多次与他们的接触中发现，我所提及的成功案例，他们基本都有所了解，有些决策者甚至还亲临过、体验过，但对成功的最终表象有所了解，不代表能够有针对性地理出自身建设思路。举个例子，多数城市决策者都去考察参访过新加坡，对一些表象的旅游景点均有所了解，但谈及新加坡城市天际线营造和城市建筑色彩如何有规划地形成韵律，则大脑一片空白。熟知新加坡的高城市化率的数字表现，但城市各层人群的被公共服务状态为何？生活幸福度和愿景期待为何？这些问题往往不是简单地走马观花能做出解答。

其次，要正确认识中国城市发展的现有阶段，认识什么是我们真正需要的。要知道，中国城市面临的危机和挑战，甚至超过资本主义国家在百年前经历的。我们都知道世界的城市、社会、产业、生活经历过三次所谓的"革命"，分别可以用蒸汽技术、电力技术和原子生物信息技术来进行简单划分，西方世界是有步骤、有前后地经历过和经历这样的变革序列，而中国呢？第一次和第二次工业革命并没有完全地在中国发生和完成，但又开始面临全球一体化的第三次浪潮，可以这样理解：当我们在打开城市发展的大门时，所有的问题夹杂着各种理论一股脑儿地全部涌了进来，这种状态用捉襟见肘、疲于应付和无所适从来形容一点不为过。

再次，理清中国城市发展的主次时间表，即将错综复杂的问题进行分类和排序，城市被商业、被管理、被破坏，被"伪私有"和"伪公用"充斥，城市视觉和心理意向变为焦虑、同质、不安、无序、无所适从，种种遭遇到的问题不可能在同一时间解决。究竟哪些是必须放在首位的，哪些是必须连带一并解决的，哪些是可以被适当延后、搁置和削减的，建设与服务的比例关系为何，城市精神塑造与市民的养成如何协调，城市管理与城市服务如何选择，等等。

对中国城市来说，不进行借鉴参考是不现实的，但借鉴的法和度同样需要我们重视和深思。

第三章

水到渠成
塑造现代城市精神必催生民主设计

一、现代城市概念的思辨

"现代化"一度曾是全民默认的奋斗目标，虽然现代化一词有很多的"理学"和"工学"成分，偏重于硬件打造诸如系统性、专门性和科技感，但并不妨碍几十年来举国上下对它的追求。

如今我们描述一个城市的现代化，一定绕不开城市运转的硬件系统，如水网、电网、气网、路网、交通网、通讯网、物流网、排放管网，等等。同时又用人口数量、经济价值创造率、消费水平、收入水平等数据加以旁注。在现代化的指标驱使下，我们把城市仅仅当成了一个机械体，物理标准和数字标准成了评价的首要指标，它们的增长与否、达标与否仿佛已经足以证明这座城市的现代化与否。而在这里我们要着重讨论的是现代城市，并非专指这样物理和数据"现代化了"的城市，换言之不仅仅是量化数据高的城市。

其实，要讨论城市的现代性，有多个事实值得我们去关注。

1. 现代城市非大型城市

2011年，中国城镇人口首次超过农村人口，许多媒体纷纷宣布中国正式进入城市化社会，官方将之总结为"城市化进程的加快"。在我看来，今天中国城市的发展，仅用城市化进程是不可一言以蔽之的。

西方遭遇城市化的痛楚后，已经在百年前描绘了现代城市与现代生活的蓝图。以这样的视角反观，我们并未对人口暴增的城市做好充分准备，也未对人口迅速流失的农村想好对策。今天中国所谓的城市化进程无非是农村人口减少带来的城市人口畸形增长的结果。当今天我们兴高采烈地宣称城市化社会的来临，满足于与农村脱离干系时，

126

却忘了城市与田园原本是一体的。前文提及英国城市规划者霍华德认为应该建设一种兼有城市和乡村优点的理想城市，并称之为"田园城市"。这是他于1898年针对英国快速城市化所出现的交通拥堵、环境恶化以及人口大量涌入大城市的城市病所设计的"以宽阔的农田林地环抱美丽的人居环境"，把城市生活的一切优点同乡村的美丽和一切福利结合在一起的生态城市模式。

中国城市化进程的一大标志就是意图建立"大城市"，许多城市决策者醉心于人口涌入造成的繁荣表象，使得多数国内重要城市的面积都较中华人民共和国成立初期增长了数倍以上，而人口更是增长了10倍以上。本人认为，考量一个现代城市，个体与整个城市机体发生关系的广度及深度才是标准，不然就会出现城市在数据上越变越大，而个体对整个城市的参与却越来越小。当然这里还有城市设施与功能的布局问题，在后文会详述。

与决策者的好大喜功形成对比的是国家关于城市规模的标准的严重滞后。按照旧有标准，20万及以下人口为小城市，20万—50万人口为中等城市，50万—100万人口为大城市，100万人口以上则为特大城市。按照这样的标准，2010年中国就有140个城市"被成为"特大城市，可见标准严重滞后，而且对官员的膨胀心态有助长之嫌，使得各城市纷纷越级发展。所幸在2014年底，国务院印发了《关于调整城市规模划分标准的通知》，按照现有国情全面提高了各级标准，细化了小城市和大城市两个类别（各增设Ⅰ型、Ⅱ型），并增加设置了超大城市（常住人口1000万以上），按照新标准原来被"畸形"标注的特大城市由140个减少到10个。

与划分标准重新设定相同步，我们也可以看到国家关于城市化的认识与判断也在提高，这可以从"城市化"到"城镇化"提法的转变中看出，另外2014年在《国家新型城镇化规划（2014—2020年）》中强调"加快发展中小城市，有重点地发展小城镇"也是转变和提高的表现，虽然框架还不完善，很多具体配套措施也未落实，但至少我们可以看出，国家层面上对以大城市建设为荣的片面判断已经在明显改变。

特色小镇建设仍需谨慎务实，许多地方的小镇建设所谓的"特色"纯属无中生有。

128

2. 现代城市非"美丽城市"

将城市变美，或拥有一座美丽城市，原无可厚非，但这不是现代城市的全部。

也许是出自对"花园城市"即美如花园的误解，也许是出于长期缺失整洁的反动，也许是对"一屋不扫何以扫天下"的单向解读，也许是对"美丽中国"字面含义的错误引导，中国城市正在经历一场大规模的美化整理运动。在许多城市，美化成了"一年一小变，三年一大变"目标的最终落实点，因为美化的结果最直观，美化可以掩盖和搪塞很多不可见的落后，美化成了官员们千日任期的唯一政绩抓手。

更可悲的是，在很多城市发展中美化等同于整洁，整齐划一的街道、建筑、色彩、商业信息、公共设施之所以也被等同于美，是因为在执行层面更容易被量化，可量化的指标为设计、规划、建设、验收、检查、推广都带来益处，更具所谓的操作性。我曾受邀评审某个城市30条道路的户外广告整治方案，虽然是五六家不同的设计单位分别设计的不同道路条件、不同业态的广告规划，设计成果却出奇地相似，都是严格规定下的几乎相同的版面尺寸、悬挂高度、字体形态、色彩范围、安装方式。这样的方案如果实施后，30条原本各具特色的街道就消失了，因为方案没有考虑道路属性、业态特色、生活需求、公众服务便利性、心理意象的贴合度，仅仅"格式化"了附着其上的商业信息而已。这样的整洁与美无关，更与现代城市无关。

关于美，我始终谨慎，不愿提"美丽"二字，如果一定要说，我更倾向于"美学"二字。这里的美学不完全是传统哲学中的美学概念，与其他词汇组合后，便有了杭州提出的"城市美学"概念和中国台湾设计界提出的"美学经济"和"美学企划力"概念，它们更适合于现代城市。

2006年杭州市政府与中国美术学院战略合作伊始，便联合提出以"城市美学"目标来指导杭州城市品质塑造。接下来十余年杭州城市营造的成功，得益于城市决策者独具的城市美学意识和对城市空间形象品质品评的慧眼。正是在这样的背景下，杭州市给中国美术学院出了一道又一道"考题"，要求从城市美学的高度来破解在城市工程中提升城市形象品质的难题，最终实现一座无视觉污染的城市。它让市民具有幸福感，增添自信心；它让来访者心怀羡慕感，具有向往心；它让城市品质提升，美誉度和向往度不断攀升。城市美学中所涉及的美是由内而外的，是城市品质的外化，不但彰显着市民品味，更显示着城市吸引力，在无形中增强着城市的竞争力。

中国台湾2010年筹备中国台北国际花卉博览会期间，提出一个响亮动人的主题——"美丽的力量"，之后逐渐形成"美学经济"与"美学企划"，这是其第一次把"美"界定成一项政策主题。"美学经济"是一个有厚度的概念，它指出美不仅是时尚界的意识形态，也是社会生活的意识形态。美学不只是装饰，不只是外在的风格改变，不盲目追求管理方法和经济价值，不仅仅关注获利，是对社会深切改变的开始。

城市的改善和发展，并不以表面装饰和简单美化为决定因素，去触及那些真正与城市血脉、内部组织有关的工作和问题，才是改善城市生活的方向。

3. 现代城市非"智慧城市"

在中国，自2012年起，"智慧城市"概念被媒体和城市政府反复提及。同年，由住房城乡建设部启动了国家智慧城市试点工作，2013年初公布了首批90个全国试点，其中地级市37个，区（县）50个，镇3个。没有被列为试点的城市也纷纷提出如何迈入"智慧城市"的发展路径和目标，并将"智慧"二字加在自己的城市名前。一时间我们在媒体上会看到诸如智慧徐州、智慧丰县、智慧克拉玛依等新城市发展战略，"智慧城市"也在一夜之间变成现代城市的代名词。2014年8月经国务院同意，八部委联合印发《关于促进智慧城市健康发展的指导意见》，更使"智慧城市"成为塑造核心。

　　但是，我们还是需要仔细审视两者的关系后，再做出正确的选择。首先，智慧城市概念缘起2008年IBM公司提出的"智慧地球"理念，但各国的智慧实践却各相径庭。欧盟发起的欧洲Living Labs组织旨在调动"集体的智慧和创造力"，目标为解决社会问题、提高生活质量；2009年IBM公司在美国一个6万人口的社区将智能化响应接入居民的水、电、油、气、交通等生活服务；韩国更偏向于网络接入的普及，同时期待开展远程医疗、教育、公共政务服务的数字化；新加坡的"智慧国2015计划"更侧重于电子政务、服务民生和智能交通方面；哥本哈根的智慧营造集中在碳中和、绿色产业上，以应对气候变化；斯德哥尔摩的重点在智能资本创新、安全健康和安保宜居。由此可见，智慧城市概念在原初和发展过程中就不是一个完全确定且死板的概念，我们在解读时必须清楚这一点。

其次，再看国内试点城市提出的发展目标，我们又会发现新不同：北京提出智能交通、电子病例、远程医疗、智能家庭、电子商务；上海提出城市光网、发展3G、Wi-Fi无线宽带、云计算、物联网；宁波提出以杭州湾新区为试验区，打造智慧新城和生态家园；佛山提出以信息化带动工业化、提升城市化以及加快国际化目标；广州提出无线城市官方门户网站，推动无线宽带网络服务；深圳提出智能基础设施、电子商务支撑体系、智能交通、智能产业基地等目标。可见各试点城市在解读和建设智慧城市时也是各自理解、各有侧重。在认识上，有些城市仅把智慧城市当作数字城市和信息化的新外衣，而有些城市在发展目标中完全不考虑可持续和绿色发展，种种误区需要矫正和澄清。

智慧城市，它不仅仅是城市管理的数字化和信息化，它是基于用户的服务设计与服务提供，更强调人的主体性，强调通过社会各方力量协同实现城市公共价值塑造和独特价值创造，它更是物流体系、制造体系、贸易体系、能源应用体系、公共服务体系、社会管理体系、城市交通体系、健康保障体系、安居服务体系、文化服务体系、公共安全体系的总和。这样的城市才可被称为智慧，它不是技术和科技的堆积。我们在城市发展和建设中并没有自上而下地准确认识它，而仅仅停留在字面和自解，那仅仅是有引号的"智慧城市"而已。

我不赞成直接将"智慧城市"与现代城市画等号的另一个原因在于：中国城市管理者往往喜欢提"跨越式发展"，是因为中国城市需要同时面临的问题太多，总希望用国际最先进的理念一下子把城市提升到位，但有些路径和过程是必须的，甚至有些代价也是必须付的。以城市智能交通为例，智能的前提是该城市必须拥有足够完善的道路基础设施建设，如道路本身、配套设施、系统（电力、通讯等）、管理手段、交通参与者成熟度，等等。如果不具备，那所谓"智慧"只能是纸上谈兵，中国城市发展的不均衡是非常显著和悬殊的，它们多半没有经历过发达国家城市所经历的"物理建设"过程，匆匆地将"智慧城市"像光环一样悬在头顶，并不能掩盖自身发展过程中的短板和硬伤。

二、现代城市之精神

至此，我们可以得出一个结论，现代城市，即城市的现代性，其关键体现在对人的考量和关爱，以及随之展开的服务。人，在其中的定位与归位始终是占据核心的，人在现代城市中必须被安置在首要的地位。

无论古今，也无论实现与否，关于对人的关怀以及人在社会中的重要性其实一直被提倡和推崇。中国孟子之王道、霸道政治哲学就是其一，孟子将国家与社会的起源归结于建立于人伦的道德原则之上，主张重视人伦，亦即人与人的社会关系，因为这关系只有在国家和社会中，才能真正得到发挥。在此基础上孟子提出管理社会的两种完全不同的类型即以德服人、心悦诚服的王道和与之相立的霸道。明确提出圣王所推行的王道是以人民利益、福利至上的管理类型，并辅以教育，使人主动介入与社会、国家的相互关系，人伦是实现王道的基础。

辜鸿铭曾有言："要评价一种文明，我们最终要问的问题，不是它是否修建了和能够修建巨大的城市、宏伟壮丽的建筑与宽阔平坦的马路，也不是它是否制造了和能够制造漂亮舒适的农具、精致实用的工具、器具和仪器，甚至

孟子的人伦思想，应和今日设计界提倡的"设计伦理学"相互对照来审读。

135

不是学院的建立、艺术的创造和科学的发明。要评价一种文明，我们必须要问的问题是，它能够造就什么样子的人（What type of humanity），什么样的男人和女人。"[70] 虽然作为清末守旧派学术思想的代表，辜鸿铭经常被口诛笔伐，但他对文明核心是人的认识却是非常鲜亮和突出的。除了承认人的重要性之外，也阐明了文明对人的养成和促进作用。

持进化论看待城市的格迪斯在谈及城市竞争和城市首要问题时指出："现在主要的生存斗争，不是舰队和军队的斗争，而是旧技术秩序和新技术秩序之间的斗争。"[71] "什么才是国家生存斗争中最重要的，目前更多的仍认为是军队和舰队，但是从长远来看，首先应该是城市和城市生活。"[72] 彼时他身处于第一次世界大战前，在浓郁的战争气氛中仍能清晰地看出城市是人生活的核心。

差不多同时代的沙里宁，用他坚持的有机发展理论，

手写批注（左栏）：
辜鸿铭证明了一个道理，即在新文化运动期间，这些所谓保守派其实也是很先进的。

"秩序之争"的提法很好，翻译得也妙。

---

70 辜鸿铭：《中国人的精神》，黄同涛、宋小庆译，中国台北：五南图书出版股份有限公司，2008年，第21页。

71 帕特里克·格迪斯：《进化中的城市——城市规划与城市研究导论》，李浩、吴骏莲、叶冬青等译，北京：中国建筑工业出版社，2012年，第43页。

72 同上，第94页。

指出："我们应当把城市建造成适宜于生活的地方，由于这个原因，在建设城市的时候，就要把对人的关心，放在首要位置。应当按照这样的要求，来协调物质上的安排。人是主人，物质上的安排就是为人服务的。"[73]

即便是前文提及的现代主义设计的代表人物柯布西耶也一样是以人为设计建造的核心，虽然在表面上我们仅看到他"城市是机器""建筑是居住机器"一类的"标志性"论述，但仔细研读他关于理想城市的构想与设计蓝图就不难发现，他提出的密集居住其实是为了让人可以更接近服务资源；他提出的人车分流也是希望保持人在城市中步行交流的"原始"状态而不被新科技（如快速交通）所干扰；他提出的土地统一规划彻底将土地私有和公共资源独占打破……所以从本质上，我们可以判断现代主义设计的原初设想还是归结于人这个核心的，关于这一学派后文还有详述。

近些年国际上盛行的社会创新发展观，以及衍生出的绿色设计、低碳设计、情感化设计、服务设计、可持续设计

---

73 伊利尔·沙里宁：《城市：它的发展、衰败与未来》，顾启源译，北京：中国建筑工业出版社，1986 年，第 4 页。

柯布西耶也许是被误读最严重的设计师之一。除了印度那座城市之外，仿佛没有其它实体城市实践来证明。但我们观看今日城市时，却时时能体会到柯氏的存在。

西特的思想及著述在中国有些被忽视，但并不影响其理论的光芒。他的学说与中国古典思想多有暗合。

等新设计思潮，更是将人明确地摆在社会发展、城市进步、文明进化的核心位置。综上可见，现代城市始终也必定是人的城市。

三、民主设计之渐进

1. 初期的民主设计

维也纳建筑师卡米诺·西特曾在其著作中说："亚里士多德已经把城镇建设的原则，归纳为……不仅给居民以保护，而且给居民以快乐。"[74] 西特一直坚持以人为中心的原则，他指出仅以四面墙，缺少对人的考虑，将无法构成优雅的房间，同理，仅留出空地，没有人的因素介入，同样不是具有吸引力的广场。他还以雅典卫城为例，详尽说明了古代城镇的确是按照良好的相互协调精神建造起来的，它们的房屋样式不同但组成有机的群体，同时每个群体又互不雷同。西特在提出"自由灵活要素"时，将之归纳为：时代与

---

74 卡米诺·西特:《城市建设艺术——遵循艺术原则进行城市建设》，仲德崑译，南京: 东南大学出版社，1990 年，第 1 页。

人民的反应，同时是真诚的创造。

受西特思想影响颇深的沙里宁提出关于城市的有机理论体系，实际上也是对初期民主设计很好的诠释，沙里宁理论的价值不在于对城市规划的思路和创见，而是在于他始终以社会学眼光整体地看待着城市发展问题。他的原话是"有机的和三维的城镇建设"，对他提出的"三维"概念解读时应该不仅限于空间讨论的联想，它的所指包括物质的、社会的、文化的和美学的所有应被照顾到的城市社会的所有问题。

此处的三维可理解为多维或全维。

同时，他还提出"物质秩序"和"社会秩序"的不可分割理论，主张两者必须同时发展并相互启发，其中的"社会秩序"更多指向"对人的精神文明发展最有利"的秩序，而且主张把它作为形成健康城市环境的指导方针确定下来。沙里宁延续了西特的"真诚创造"理论，认为要建造"诚实的和创造性的建筑"，同时把建筑面貌上的表现力衰退、模仿与不协调归结为城市衰败的种子，而衰败的土壤，沙里宁总结为社会条件、社会变化导致人民态度向实利主义靠拢并产生审美力下降。

沙里宁的"真诚""诚实"与赵无极谈绘画时提出的"诚恳"应是同义。

在东方，田中一光无疑是战后日本设计的先驱者，他在作为"无印良品"创始人之一并为之设定品牌理念和精神时，提出了"平民时尚"和"知性生活"的概念，具体指一种既合理又舒适的生活形态，无论产品、卖场都应在功能和气质上传达出"生活"和"家"的意象，突出一种可以体验到的"日常"感，但不排斥必要的功能性。他希望企业通过产品和附着在产品中的精神可以在城市、社会中树立一种全新的生活观念，即商品优质又便宜得可以安然享用，他称之为满足感和民主主义色彩的精神性体验。

可见，民主设计在初期形成时，不是一个固定和僵死的概念，希望我在这里的表述也能更弹性和灵动，同时我也非常担心又一次变成口号式的标榜，因为民主作为口号和标签已经被使用得脱离原本的含义了。

2. 一直被曲解的民主设计

包豪斯学派是民主设计的倡导者和实践者，但我们经常简单地将包豪斯归结为用理性、科学的思想代替艺术上的自我表现和浪漫主义，其实我们忽视了包豪斯设计理论的三个基本观点之一：设计的目的是人而不是产品。

1925年德意志制造联盟举办了"白院聚落"公寓设计

展，包豪斯核心人物瓦尔特·格罗皮乌斯和密斯·凡·德·罗都作为成员参与了设计。基于当时的经济条件，任何材料都不得被浪费，并需想方设法使其发挥最大作用。这些新住宅的标准化、预制化仅仅是其表象，掩藏在其后的是降低建筑成本、简化居住空间和提高人们的生活质量这些民本思想。在1926年至1928年间，由格罗皮乌斯带领德绍时期的包豪斯开始进行的托滕区保障房建设项目，更提出"光线、空气和阳光"的口号，是在原有白院聚落基础上做出的进一步人本设计探索，增加社区居民在公共空间中交往的可能性，并开辟花园使得居民可以自主种植花卉、蔬菜。

我们可以发现，包豪斯自建立伊始，其"为大众"的思想就已经树立且一直未动摇，它反对艺术与大众脱离，提倡回到手工艺，但并不是将手工艺作为最终目标，回归的意图在于使手工艺成为为大众生产的武器和途径。格罗皮乌斯一直坚持创造的动力不来自个体个性的表达，而是来自社会生活的外部刺激，即如何通过为大众生产来满足人们的需求。可以说，民主精神和民本主义思想一直占据早期包豪斯教育思想主流。

另一个误读和曲解的例子是：我们今天在检讨现代主

义设计风格及其影响时，柯布西耶作为现代主义建筑的代言人总是被推到被批评的一端。但柯布西耶在其理论形成时期，其理想中的"机器时代"城市规划信条也同样充满民主精神："方案不是政治。方案是理性和诗意的纪念碑，它在可能性的迷雾中慢慢现身。可能性存在于环境中：地方、人群、文化、地形和气候。再进一步说，它们是被现代技术解放了的资源。现代技术在世界范围内普遍存在。可能性只有在同主体——'人'发生关联的时候，才能够被判断。与我们发生关联，与我们自身：一种生理过程，一种心理过程。"[75] 可见，柯布西耶本人背负了后代继承者所犯下的城市文化割裂、建筑孤立于社会环境的黑锅而备受指责，从本初溯源，他的理论是颇具有民主精神和理想色彩的。他还反对无用的消费和奢侈，排斥那些激发人类私欲的事物，这一点颇像中国的传统造物哲学精神，他提出基本快乐的解决思路："基本的快乐，在我心中意味着阳光、绿树和空间，无论在心理上还是在生理上，都让人这种生物感觉到深层次的愉悦。只有它们能将人类带回和谐

---

75 勒·柯布西耶：《光辉城市》，金秋野、王又佳译，北京：中国建筑工业出版社，2010 年，扉页句。

而深邃的自然疆域，领悟生命本来的意义。"[76]

还有一个被误读的例子就是文艺复兴，通常意义上解读文艺复兴往往是褒奖多于批评，是它首次将"人文主义"的重要性从封建、宗教的压制中剥离，力图使社会和人群回到现实生活并强调人的价值。文艺复兴初期的建筑与城市确实也直接反映了这种以人为本的精神，正如其意大利语 Rinascimento 的含义"重生"一样，那时的建筑和城市被评价为是具有创造力的。

但随着一种风格和样式被确立，紧接着照搬、模仿等弊端开始浮现，使得文艺复兴后期的城市建筑已不再有鲜活的创造力，人文、复兴、重生等都荡然无存，"直到只剩下一枚干巴巴的空蛋壳为止 —— 里面的小鸡，很久以前就已不在了"[77]。

但在中国诸多模仿者眼中，被西特和沙里宁大加贬斥的样式却一再被曲解和被重建、被升级，而且还美其名曰带有"以人为本"的精神。

---

76 同上，第 83 页。
77 伊利尔·沙里宁:《城市: 它的发展、衰败与未来》，顾启源译，北京: 中国建筑工业出版社，1986 年，第 136 页。

3. 设计的善意

全球性的活动与事件一直是一个国家和民族设计意识集中提高的触发点。如第一届世界博览会对英国工业化社会进程和新型城市设计思考的促进；如1964年东京奥运会、1970年大阪世界博览会对日本设计界集体成熟和确立世界地位的推动；如1988年汉城奥运会成为韩国设计与文化走向国际的舞台；再如前文提及的爱知世界博览会对日本设计"对自然的敬畏"思考的再次提升和彰显，又再如2011年中国台北国际花卉博览会对中国台北"设计之都"地位的巩固。由此可见，利用好这些机会形成本国设计思考和独特设计理念并将其传播是非常重要的。

但可惜的是，中国并没有很好地利用2008年北京奥运会和2010年上海世界博览会的两次契机去思考设计与社会、设计与未来、设计与生活的论题。由于缺乏核心设计思考，导致在设计呈现上出现了巨大反差：超现实的建筑设计与传统文化碎片组成的视觉设计，不计成本的经费投入与孤注一掷的组织管理。尤其以上海世界博览会为憾，当届的主题是"城市，让生活更美好"，我们缺乏对城市美好生活的正确认识，才导致用科技、生态、智能这些貌似先进的外围元素来装点并不存在的城市生活。

当时中国对城市精神的理解，其实正揭示出民主设计思想的空白和对民主设计内涵领会的缺失。

转机出现，在2011年9月举行的北京国际设计三年展中，中国设计界自觉地提出"仁：设计的善意"。这是一个有思考、有价值的设计思想路径。

策展人之一的杭间先生在《设计的民主精神》一文中比对过设计和民主的共通性，即体制、接受者、中介者这三者的博弈关系，作为中介者的设计师在很多时候是盲目、被动而不自知的。他认为"在这三者关系之中，善意这个问题的提出，能够很好地消解矛盾，对设计的发展能够起到一些提醒的作用"[78]。这可以说是中国设计界在民主精神上的一次自我觉醒，并找到了自己发展的未来方向。

---

78 杭间：《设计的善意》，桂林：广西师范大学出版社，2011年，第6页。

4. 对设计破坏力的反向思考

当我们大力提倡用设计去引导社会观念时，不得不考虑其反向因素，因为那是具有巨大隐形破坏力的恶意的反动。

法国思想家居伊·德波（Guy Debord）早在20世纪60年代提出的"景观社会"（Society of the Spectacle）理论，就是针对这种隐形破坏力的。他提出的景观是贬义的，他总结景观社会的特点是由少数人表演来制造景观，沉默的大多数人只负责观看，意即实际上我们大部分观众是处于一种盲目的状态来看热闹。当我们观看那些"被提供"的时尚、设计、新奇事物的时候，就是这个状态，而自己却丧失或交出了思考的能力。同时，德波还认为景观有霸权的逻辑：只要是景观出现的，都是好的。更深刻的是，他认为景观社会是资本主义发展到高级阶段之后的一种"柔性统治"。少数人不断地制造景观，让大家陶醉在这种景观舆论之中，你就忘了人生更重要的事情，或者你真正的目标是什么，你每天都有东西可观看，大家满足于这种观看，并且还满足于这种观看过程中自以为的主动性。这种貌似主动的观看，实际上是被动的。所以，在整个这样的逻辑链条中，我们也可以感受到，设计这时实际上是资本的附庸。帮助景观的制造，设计就是景观生产的一个链条和其中的一个环节。

关于柔性统治，我们还可以从全球化的品牌战略中明显看出：我们的日常生活中可以接触到形形色色的商品和纷繁的品牌，看上去很热闹。并且在这个消费社会中，每个消费者都自认为是有主动权的，因为消费者自认为是通过购买行为来投票，消费者有选择权，消费者可以喜欢这个，可以不喜欢那个，仿佛拥有充分的自由，看上去都是对的和主动的。但是，如果我们再往深层看，就会发现这么多品牌背后实际上是由不到10个国际化财团牢牢控制着，而这10个财团之间在经济上还很可能交叉持股，最后我们就会发现实际上这些都是大资本的力量。事实上，在资本全球化的覆盖之下，个体是没有自由和主动可言的。并且我们看这些视觉化的商标，它们整体地呈现出趋同的审美趣味，拥有一致的传播逻辑，看上去丰富多彩、千姿百态，但实际上是非常单调的。总结这些视觉化的品牌传播逻辑就会发现，这些只是快餐文化的索引，都是鼓励快速消费的视觉语言诱导而已。

同样反思的还有美国社会学家与心理学家尼尔·波兹曼，他在20世纪80年代的两部著作《娱乐至死》和《童年的消逝》就鲜明地对媒体过度娱乐性提出批评。他提出"媒介即隐喻"的论题，认为媒体（尤指电视媒体）是在以一种隐蔽但强大的暗力在重新定义和格式化整个世界。慵懒的"读图媒介"可以无形地消解持续几千年的以阅读为主的"读文时代"，从而轻易将童年与成人间的分野与层级消除，夺去了"读文时代"有品质的思维及个体的个性，最终导致童年的消逝以及成人的消逝。整个社会、政治、商业、文化、精神与意识形态均发生"孩子气"地退化与降级，社会文化只剩下"娱乐"本身，成为肤浅幼稚的文化。而在这一退化过程中，视觉设计和视觉传播起到的作用无疑是助纣为虐的。

自20世纪60年代始，保罗·兰德为 IBM 公司设计了简洁、善意、人性化的企业 LOGO，从此，商业企业推广中的 CIS（企业形象识别系统）在城市空间中大量出现。今天，我们用客观全局的眼光来审视时，会发现这是对城市视觉空间的再次分割。

企业与集团逐步占据社会经济主体，随着现代企业管理理论与传播模式的不断演进，一个个独立的、自成系统的"城堡"再次出现在城市视野中，从带有图腾意味的 LOGO 到铺天盖地地使用辅助图形、辅助色彩，企业精神与企业文化以一种近乎宗教的姿态统领着这一个个独立王国。

经济，似乎从未有当下这样深远地影响社会和政治，甚至在某些角度，等同于政治。"世界500强企业"这样的名称频繁进入我们的耳朵，经济帝国们的竞争成了国家间对话的关键句，在表面全球化、输出商业意识形态的同时，对城市的视觉空间也进行了无情地分割。

今天，走在各个国家城市的CBD，我们会恍惚，原因是它们在视觉上如此雷同，同样的麦当劳、星巴克、花旗银行、联邦快递、PRADA、梅赛德斯-奔驰、沃尔玛充斥着城市的表皮，视觉上趋于同质的同时，却又顽固地将100年来努力创造的城市开放体系割据成无数小城堡，原本可以如水般在城市流转的人群，被排斥（非潜在消费者）、被有意勾引（目标消费者和潜在消费者）。

在中国现今城市中，更多了"小区"的概念，粗糙、应急、形不达意的LOGO，"独立"的建筑、围墙、大门的外形，各色"军种"的安保视觉包装，最糟糕的是完全割裂的占地空间，导致一个新城市人，作为无数小区的"非业主"，在城市中无法获得停留空间，无法拥有视觉认同和心理安定。这样被严重分割，围墙、城堡林立的新型城市视觉空间正蔓延在中国城市化进程中。

设计到底为何具有如此隐性的破坏力？面对这样的破坏力我们该如何制约和控制它？我的答案是：民主设计。

四、民主设计之内涵与外延

民主设计这一概念，先前并未有过专门的学术成果和成熟的理论体系，目前可以找到最早的相关论述见于英国工艺美术运动先驱威廉·莫里斯提出的"民主的设计"，所指基于产品设计和建筑设计是为千千万万的人服务的，而不是为少数人的活动；设计工作必须是集体的活动，而不是个体劳动。与这一观点相近的还可见于包豪斯魏玛时期格罗皮乌斯与德意志制造联盟的"标准化"思想，以及德绍时期代表人物汉斯·迈耶的"为大众服务"思想，但仅限于以民为本的狭窄领域，这些观点与当时大工业条件下，设计和产品同质但低劣的情况有关。

民主设计，也曾见于企业的设计宗旨，最明确提出的是瑞典设计企业——宜家（IKEA），它所提出的设计民主包含了五大元素：美观、实用、优质、可持续性、低价。

但可惜由于其企业身份的制约，更多的所谓民主指向在于：亲民。

与民主设计有关的理论论述，最有影响和最有价值的，应该是诺曼2003年的《设计心理学》一书和杭间先生2010年7月发表的《设计的民主精神》一文。唐纳德·A.诺曼的《设计心理学》从观察现有设计入手，对笼统的"以用户为中心"进行了批判，他认为那些没有针对用户的个体差异与需求进行的设计是"反人类"的设计，恰恰体现了对人的"不关心"。杭间的《设计的民主精神》一文中重新解读了"设计以人为本"这一概念，是其价值之一；文中将设计的民主精神借亚伯拉罕·林肯就职演说中"使这个民有、民治、民享的政府在地球上永世长存"[79]之义化为三部分：民有、民治、民享来分别阐述，是其价值之二；文中提出设计的民主精神不仅仅是理论问题，更重要的是实践问题，此其价值之三。

我所阐述的民主设计，不仅仅是以上观点和理论的集合，所包含的内涵有：以个体和人群为核心的设计、对民

---

79 1863年11月19日，林肯在著名的葛底斯堡演说中的誓言，英文原文为"The government of the people, by the people, for the people, shall not perish from the earth"。

众有善意教化功能的设计、不封闭且可主动参与的设计、与人心理有沟通、有共鸣的设计。它不是传统的设计学科或专业，是一种思考方式，是一种设计操守，是一种解决路径，更是一种理想主义的未来眼光。

1. 以民为本

"以人为本"在今天已经成为被滥用和庸俗化了的概念躯壳，这在诺曼和杭间的论著中都有所批判。但是，我们站在城市设计和城市精神塑造角度去讨论的话，以人为核心去进行所有的设计思考，却始终是不会改变的。

但这里需要注意的是，我们如何界定"民"这个字。首先从字意上来看，中文的多义性使"民"同时指代了个体和群体，在中国古文中一般有固定居住之人群、氏族人群、庶民（与君、臣、士相对）、无教养文化之人等意，即同时兼具私与公两个方面；其次，在今天城市发展态势下，"民"的成分、数量、变数也处于一个并不固定的状态，前文在分析中国面临的发展局势时已经详述过其复杂性和多元态。

由此可以得出判断，即"以民为主"不是一个静态和空洞的口号，尤其是在城市发展研究领域里讨论更是如此。有专家预计中国在未来20年内会增加近6亿的城市人口，随着城市人口的复杂演变，我们对城市现有的"民"和未来不断被扩充的"民"始终需抱有动态审视和实时更新的态度。梁漱溟曾有言："民主始于承认旁人，今亦可说：民主始于不得不承认旁人。"[80] 这其实正道出了我们今日不得不面对这一问题的情状。

在讨论以民为主的观念时，现阶段"民"所指的范围还是应该侧重于基层和新近两个维度，这正符合了动态地看待该问题和解决该问题的初始态度。借用"短板理论"，我们必须首先解决和针对的是最需解决的问题，这才真正能体现民主设计的以民为主，即从基本面做起。

以杭州城市品质提升工作为例，杭州之所以走在全国城市生活品质推进的前列，并不是如很多人认为的"把城市做漂亮、搞干净"那么表面和简单。杭州生活品质以及城市品质的提升恰恰不是仅做了表面文章，而是做了最基本层面的、不张扬鲜丽的工作。从前文曾提及的2009年

---

80 梁漱溟：《中国文化要义》，上海：上海世纪出版集团，2005年，第217页。

至2011年杭州"庭院改善"和"背街小巷"两项民生工程可以看出，投入力度之大与光鲜的表面形象是并不匹配的，但实际受益人数却非常可观。因此我认为，对基层进行有效的设计提升和改善才真正是这座城市的动人之处。找到设计最需要发挥作用的空间和落点，不惧怕去触碰城市设计中的"烂尾问题"，这样一种有重点、有侧重的以民为主，也成为我和团队面对设计问题时首先考虑的，同时也成为我在负责政府规划工作时的主要工作思路，关于此，在后文的案例中还会有详述。

此外，以民为主的理念不完全是政府的专利，很多大型商业集团也同样是助推民主设计的重要力量。美国的 Target 超市就是以为大众设计美学生活而著称的美学超市，这家以设计美学为经营策略的零售卖场，最擅长的不是传统零售业的价格竞争，而是以与国际知名设计师合作作为商业策略，从而用设计美学证明奢华不是精品百货公司的专利，在超市也同样可以享受"大众奢华"（masstige）。

Target 超市的设计始终是以人为本的，2005年 Target 超市附设的药店推出 Clear RX 药瓶设计，改进了传统药瓶的圆形瓶身，而是把瓶身设计成扁平的，让消费者一眼可以看清药名和使用方法，并采用不同色彩的瓶环以区别药的种类。贴心的设计使得该设计被美国《商业周刊》杂志评为年度最佳产品，同时还被纽约现代美术馆收藏。

Target 超市的以人为本设计观念不仅在产品上，还经由产品，扩展到店面设计与员工培训，处处都传达出人性的感动（human touch），这种人性的感动让 Target 超市的"感性消费体验（emotional experience）"通过一种平价时尚的体验和惊喜，让顾客感受到被关爱，具有情感沟通甚至治疗的功能。

2. 民之教化

民主设计除包含以民为主的为民服务功能之外，还必须包含民众教化的主动功能，这些功能以大众传播的方式与公众的心理产生连接，并从善意的角度对公众的行为予以提升。民主设计的教化功能不能也不应是生硬和强制的，而是软性甚至是无形的。

民主设计公众教化的初级层级是对公共规则的有效解读与传播。

城市生活作为一种人类聚居的多元生活关系，涉及人群面广，需应对的需求也错综复杂，因此必定有其公共规则来管理和约束民众，从而使城市功能与服务可以得到最优发挥，基于此，公共教化与引导在其中起到重要作用。

值得指出的是，这里讨论的民众教化不仅仅指规则的提醒，而是乐于被接受的有效提示与引导。例如在公共场所如地铁的一些规则与提示，我们平时接触到的无非是"禁止在车厢内大声喧哗""禁止在座椅上躺卧"之类的警告式标语，虽然表述清晰但公众接受度很差。中国台湾各城市在公民教化和公共规则引导方面做得非常柔性，同样的地铁乘车引导，被转而设计成"不要卧佛式"（指禁止躺卧）和"不要狮子吼"（指禁止喧哗）这样一些诙谐亲善的语言来传播，公众对此类标语的接受度大大增加。

民主设计公众教化的高级层级是对公民善意的深度挖掘与提示。

孔子曾有言："道之以政，齐之以刑，民免而无耻；道之以德，齐之以礼，有耻且格。"[81] 其实已经清楚地道出仅仅有规则、有峻法是不够的，公众虽然守约，但心态是被

---

81 《论语》，张燕婴译注，北京：中华书局，2006 年，第 13 页。

迫甚至如孔子所言是"无耻"的。如何在现代城市生活中实现孔子所说的"礼"，是中国未来民主设计中公共教化必须面对的深层课题。

中国台湾和日本城市的公共引导和提示在深层教化方面均有建树，可以提供我们诸多参考。一次在东京的公共设施调研中，我发现在街头烟蒂收集箱上有一幅图形提示（见图1），它并没有重复做"不要乱丢烟蒂"或"吸烟有害健康"之类的提示，而是用图形告诉公众一个事实：成年人垂手拿烟蒂的高度，正好等同于身边幼儿双眼的高度！正是这样一个和城市整洁或戒烟无关的引导，却深深触动我们，引发我们对处理个人癖好与公共关系的重新思考，教化已经超越规则劝导本身，使教化更犀利和有效。我在中

图1

图2

国台湾的台南市调研期间，有一处公共开放空间，竖有一由右向左书写着"子曰"的石碑（见图2），大陆游客由于从左到右的阅读习惯，读出"日子"二字。当地居民在经过这一公共空间时都保持着敬畏之心，因为在小广场后面就是孔庙，而这石碑上意犹未尽的孔子名句起始语，则是各人各体会和各人各感悟了，这样的公共教化设计是高明和弹性的。

民主设计的民众教化，是在城市生活中建立和解读传播新规则，进而创营城市生活新信仰、新生活。

3. 民之参与

民主设计必须包含民众的参与，这是民主设计有效与否以及弹性与否的评价标准之一。一件合理的事物，不可能是单向的，故此在设计中提升民众参与，这也是民主设计除服务和教化之外，激发民众的互动参与。

民之参与是需要被激发的，在很多时候，发现比盲目创造更有价值。设计本身，不应是封闭的，应该留有公众参与的开口，这是使设计得以真正贴合目标的必要思考，说得更明确一些，是给民主留有空间和余地。以下我用两个案例加以说明。

2010年参与杭州"庭院改善"工程的方案评审和可行性论证时，我们来到一个建于20世纪80年代中期的小区。小区很小，仅由五六幢的7层住宅楼组成，地处杭州老货运火车站区域，因此居民结构多属于在货场务工的体力劳动者，同时还有移居来的"新杭州人"。从现存楼宇都自行安装了防盗笼可以得知，小区的治安状况不是很好；从零落且疏于照顾的小区绿化可以看出，居民没有居住的认同感以及对居住环境的主动维护心。我们审看了改造方案以及效果图纸，改造集中在小区楼宇外立面的防盗窗统一、外墙涂装改善、道路拓宽与修整、绿化集中并修缮、地下管网的升级。

在我看来，除最后一项地下管网升级是真正有利于小区的生活改善之外，其余所谓的设计均只能称为简单美化，而且即便保质保量完成，该小区也毫无特色，并未摆脱在杭州所有小区中中等偏下的地位，这样的改善充其量仅算美化及格而已。仅仅是打造一个表面干净的小区，民众只是被动接受，但时隔不久就又回到原有轨迹，原因就是民

图3

众参与不足。如何促进民众参与？需要我们的设计人员保持开放接收状态去主动发现。

在接下来的调研和走访中，我发现了设计人员忽视的一些小区特色，这个小区竟然有几百盆的盆景，都有半人高。详细询问才得知是由几位爱好盆景的居民种植，由于数量多，家里已经无法容纳，所以平时就将它们放置在小区的公共空间内。而随着这次小区改善道路和集中绿化，盆景无处可放，只好全部集中在保安亭的屋顶和楼道空间内。今后如何放置还是未知数，因为改建后的小区已经没有这些巨大盆景的容身之所（见图3）。

访问至此，我不禁感叹前期设计人员的粗心和无感，在这个小区中，其实并不缺乏居民的主动参与，也并不缺乏居民对公共环境的认同，而是缺乏有效的疏导和结合。如果可以顺势利用这些独有的盆景和热爱盆景的居民参与力，将之与未来小区绿化和环境设计结合，这个以盆景为核心的小区改造工程必定是全杭州独一无二的，岂不是更符合、更贴近"庭院改善"中的"庭院"二字？岂不更具有中国的传统居住理想？这还不是最重点的，重点在于这样的改善是可以持续的，因为民众的自发创造会被引导为主动参与。换言之那些独特的"盆景发烧友"们在被充分尊重的情况下会发挥得更积极，这才证明设计师是确实为民众参与留足了空间，我想，这才会真正实现城市居住空间的有机更新。

另一个民众参与的例子来自2013年洛杉矶的都市"镶补计划"（见图4），这是一个由民众自发参与的都市设计延伸项目。策划者和发起者是佩奇·史密斯，通过发现城市硬件（如建筑、道路）中的不完美和残缺，比如建筑体上剥落的半块砖留下的空隙、道路失修留下的裂缝等，通过将民众手工折叠的彩色纸质"钻石"镶嵌于其中，使得原有不完美和残缺死角变得可爱和温暖。这一计划在洛杉矶

图 4

一经推出，就被许多市民所接受并积极参与，虽然在某个侧面反映了城市市政维护的缺失，但该计划却积极地调动了民众的参与热情，同时也反过来促进了政府对公共空间与设施维护工作的重视，从动因到结果都是良性和正向的。

综上，我们可以发现，城市中民众的参与愿望与参与力是始终存在的，而设计师需要做的工作是去发现、引导和触发，民主设计所涉及的民众参与，指向的是拥有民众参与的城市，是更有弹性和温暖的城市生态。用圣雄甘地(Mahatma Gandhi) 的话说："不宽容本身就是一种暴力，是妨碍真正民主精神发展的障碍。"平等的权利、参与的机会是促使城市发展的动力。

4. 民之共鸣

民主设计，是对使用者、设计者和设计委托者的多向重造和升级，是三方有效、良性互动的有机润滑剂与推动力。

民众对城市精神的共鸣由何而来？我们经常听到一句话："爱上一座城市，不需要理由。"这里说的无理由虽然很抽象且不逻辑，但却清晰地表达了认同和共鸣的特征，这非常像我们对母爱的反应，不需刻意去感知，但时刻都能持续、清晰地被笼罩。城市的精神就是对人的关爱与服务，可以将之理解为是另一种"母爱"，是由政府和机构甚至商业团体有效实施服务而产生的良性暗示。

民众对城市设计服务的共鸣是基于设计服务真正满足了他们的需求，甚至超过他们的需求而自然产生的认同感。

日本东京的银座街区以设计创造民之共鸣的经验值得我们中国的城市虚心汲取。银座，其名称来源于江户时期银币制造所的坐落地而来，1872年的大火将街区全毁，政府决定以耐火的炼瓦来造街，并由英国设计师汤马士·华达士设计。1878年重建后的银座成为日本西化的风向标，该街区可谓是生于火，毁于火，而又重生于火。2006年，

163

东京市政府借助企业财力，举办了一个特殊的创新公共艺术展，展览的空间就以"银座中央通"为街道画廊，用日本细腻精致的陶瓷工艺，再由高超的转印技术将银座旧照片印于陶瓷上。日本傲人的陶瓷工艺，让每一幅摄影作品都能完美地在户外的自然光下呈现，让公众穿越时空感受"银座一瞬间"，再次用火演绎了银座半个多世纪的生活变迁。这项公共展示非常成功，市民、游客都会感受到一个更厚重和更深沉的银座，与现有的现代银座汇成一个有心灵共鸣的城区。

前文曾针对现代商业设计对城市的破坏力做过评述，很多狭隘的商业设计将城市分割和肢解，但商业企业在城市生活中正向积极的作用也不容忽视，甚至有些商业企业完成了政府和管理部门无法完成的工作。

7-11是源自日本的连锁小型零售店，像前文提及的美国 Target 超市一样，也通过提升对人的关爱来形成自身价值与公众认同，7-11连锁在中国台湾的一系列扩张演进则进一步影响了当地居民的生活文化。起初，7-11对传统零售业以及小餐饮商家的生存空间是挤压式侵入的态势，但很快7-11意识到应该用新的包容模式来促进社会生活与商业经营共同发展。他们组织了名为"好邻居"的跨设计与管理领域的专业咨询团队，启动了"老店大翻新"操作模式，协助30年以上的传统美食老店进行翻新，将中国台湾原有的饮食文化保留的同时还帮助开发新产品以及改良口味，再借助7-11在全境的网点与宣传渠道，有步骤、有计划地推广具有本土文化的老店故事。这些传统美食的翻新包括位于香蕉故乡的旗山常美冰店、阿里山奋起湖的德铭饼店、淡水老街的百叶温州大馄饨、华西街阿猜嬷、台南林玉文定鲁面、高雄郑老牌木瓜牛奶，等等。

正是通过这样深度贴合生活的设计，使7-11在中国台湾变成"巷口生活文化"的代表，商品陈列的秩序美感、亲切的服务、茶叶蛋香味伴随着咖啡香、舒缓的背景音乐，深夜在店内吃到非本地的传统美食，已经成为让很多居民感动的经历，而它推出的"居民便当"更是彻底改变和提升了市民对快餐的旧有认识，著名的不用筷子的"握便当"正是来源于快速经济时代的设计。7-11已经不再是普通的巷口小店，它已经成为周边人群认同并有共鸣的城市生活样式。

因其成功，很多学者评价中国台湾的7-11是给一般大众的"巷口商学院"和"巷口设计学院"。因为在巷口就可以学到经营管理知识，同时在巷口就可以接受与国际设计思潮几乎同步的设计思维，如 IDEO[82] 的客户导向设计思维、Target 超市的自有品牌产品策略、W Hotel[83] 的感官体验与服务设计等都可以在平凡生活的街口找到。

另一个由非政府机构促成公众共鸣的例子来源于日本，1957 年由日本工业设计促进组织创立的 Good Design Award，今天被民众称为 G-Mark。原本只是一个专业领域的设计评比奖项，但它们从 1998 年开始把对消费者需求的关注提升到最重要的位置，不仅重视产品造型的美，更强调在消费者使用经验与产品便利性上的突破，最终使得 G-Mark 成为"魅力设计"和"高贵品质"的代名词。市场上销售的产品，社会认同度非常高，连小学生和退休老人都可以轻而易举地辨识，凡是拥有 G-Mark 标志的产品是公众购买时的信任保障。同时，评奖本身也从原来的设计评价转为积极地对生活的思考、自然的协调、工业的有机发展、制造商与用户是否形成良性循环等社会问题的考虑。

---

82 IDEO 是全球顶尖的设计咨询公司，以产品发展及创新见长，由斯坦福大学毕业生创立于 1991 年，从只有 20 名设计师的小公司做起，一路成长到拥有 300 多名员工的超人气企业。

83 W 酒店是喜达屋旗下的全球现代奢华时尚生活品牌，其官方的定位是"Lifestyle"品牌，激发灵感、创造潮流、大胆创新的 W 酒店在业界影响深远，为宾客提供终极的入住体验。

正因为民主设计所具备的以上内涵与外延，民主设计在城市精神塑造中就具有了必要性，民主设计与现代城市精神的关系是一种互为因果的关系。现代城市所面临的核心问题是对个体即人的关怀，同时正因为人与人群的复杂和多元，也造成问题的多元化趋向，民主设计则可以很好地解决这一既核心又多元的城市问题。

第四章

视觉营城

当下城市形象的视觉提升策略与案例

一、柔性的城市管理系统和公共服务系统

如前文所述，城市公共服务和管理是城市精神的体现和民主设计的主要载体，在公共服务上的设计关注正是城市现代性的体现。

1.用温润体贴破解城市交通信息乱局

交通问题是当今城市的主要矛盾之一，面对这样的复杂设计课题，要做好交通规划和设计，关键取决于我们如何正确认识今天的交通困局。2007年，我和团队有幸承接

了杭州市交通警察支队（今已改称交通警察局）委托的"杭州市道路交通信息系统设计"任务。

首先，中国城市的交通问题远远复杂于世界上的其他城市。关于这一点前文也有阐述，在中国，往往要面对所有已经出现和即将出现的问题。以杭州为例，机动车在限制上牌政策出台之前是以每天300辆左右的速度在增长，这样每年就有约10万辆的增量。2014年上半年达到顶峰，年增长27.6万辆（这一数字已经追平2003年杭州主城区汽车保有总量，或2005年至2008年主城区4年的增量之和），全市259.8万辆的汽车保有量虽然居全国第7位，但每千人的汽车保有量却居全国之首，平均每3人拥有1辆机动车，已超过北京、上海和广州。与此同时，非机动车数量并未有太大减少，外来务工和低收入人群仍以非机动车为出行主力，道路压力已经显现，杭州将非机动车"上载"到原有的人行道上，与行人混行。在车辆数量骤增的同时，交通参与者交通规则与意识的淡薄更使得管理难度加大。

这样的交通压力，在国外城市非常罕有。以十字路口信号灯为例，欧洲城市只用一组信号灯即可基本解决疏导和提示问题，但在中国，路口的信号灯被分为机动车用、非机动车用和行人用3个体系，而其中的机动车信号灯又添加了箭头指示和文字提示来应对车辆行止转向的复杂需求。中国城市的交通难题在国际上几乎无经验可循。

其次，中国现行的城市交通导视系统非常落后。现行国家标准系统设计和实施于20世纪50年代，后经过几次微调，但其根本属性是为广义的公路交通而设，系统设计简单，文字、图形、色彩的运用思路还停留在20世纪，所覆盖交通问题也不够完整和全面，在应对城市复杂交通问题时就会显得力不从心。现行的高速公路指示系统虽然设定时间晚，但比城市交通导视系统要完善得多，只可惜该系统只应对快速行驶的机动车而不涉及低速行驶工具和行人以及对交叉路口的疏导，故无法直接移植。

再次，在公众服务体验方面，交通参与实际上是对城市空间和城市生活的参与。某媒体曾提出"一个城市的表情就写在它的马路上"的描述，还是非常准确的。可是交通往往是最易被批评的城市体验之一，日本城市美学研究者芦原义信是这样评述的："从世界范围来看，因城市发展过速而形成的无秩序的特大城市已经失去控制，开始走向非人性和丧失精神功能的道路。熙熙攘攘的人群、夺路行驶的汽车和大吵大闹的扬声器等，都在折磨着人们。"[84]

从次，在功能层面，如何使交通信息系统在现代城市中发挥更大的功能，也是在规划设计时必须考虑周全的。以杭州为例，交通信息系统是串联整个城市机能如旅游、贸易、服务、工作、生活的纽带，交通信息系统不再是以疏导交通为唯一目的，它更像一个集成和联通的神经网络，置于城市血脉之中。

最后，在规划设计时还应考虑城市精神和特质是否可以在交通信息系统中予以体现，如杭州这样的城市，我们应该用怎样的交通信息系统来串联它才更合适。我们的期望是通过该系统让城市更柔和、更亲切，使管理和服务变得更温暖、更平等，减少交通参与者的焦虑感。

谈到城市交通带来的焦虑感，除来自拥堵之外，其实很大一部分正是来自交通信息指示系统本身：如指示牌的艳蓝色底色，这原本是在城郊公路上使用，但出现在都市车流中会使人更加焦虑和不适；纤细难辨的仿宋字体，使视觉传达效率大大降低；缺乏逻辑性的版面，使人们无法

---

84 芦原义信：《街道的美学》，尹培桐译，天津：百花文艺出版社，2006年，第90页。

174

分辨信息的主次；必要信息的提示不足，使得导视不能起到引导作用，这些来自系统本身的弊端必须予以去除。

设计任务的核心目标最终被确定为为杭州设计一套柔性的交通信息系统，该系统分为视觉和硬件两部分，尽力把信息视觉传达做到更深入和全面。

第一步我们重新设定了交通信息系统中的基本视觉要素：色彩、字体、图形、版式、造型、比例和尺度（见图5）。用更沉稳和低调的墨绿色代替原有的艳蓝色，交通立杆涂装采用深度灰色代替原有的反光镀锌色；用经过反复实验的指定黑体代替原有的无指定的宋体和黑体；用被重

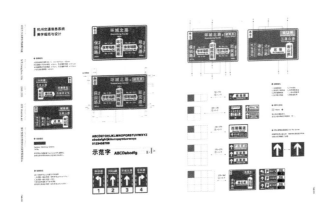

图 5

新柔性设计处理的图形和图标代替原系统生硬尖锐的图形图标；用隐性网格重新定义交通信息版面布局；重新设计杆件和牌面的造型并重新规范材质与材料；设定新的硬件模数化系统，规范所有牌、杆的比例和尺度。

第二步是减少街面出现的牌、杆数量，让街道两侧公共杆件数量缩减到原来的三分之二，使街道恢复原有的亲切而远离烦躁。具体做法是"多杆合一"和"多箱合一"，即合并原有街面上不同部门（交警、路灯管理所、公安、公交、电信、数字电视等）的不同杆件和箱体，主要是合并交警和路灯所的硬件设备，并重新设计了新的多合一杆件。

第三步是在缩减硬件载体的情况下，将信息的传达与传播最大化，最终达到设施精简而信息量增加和功能提升的局面。具体做法是提出"立体交通信息"的概念并融入实际设计，除了将原有版面的3层信息增加到8层之外，我们还将立牌交通指示信息、地面交通涂装信息、电子大屏显示信息、走字屏辅助显示信息、地面太阳能凸起自发光多色LED信息、公交出租等尾部实时交通信息等多种信息源进行整体传达，使信息到达率和准确度、实时度均大幅提高。

第四步是将道路交通信息系统的接驳开口放大，与高速公路信息、城市旅游信息、政府管理信息等相关系统进行连接，使交通信息扩大为更宽广的城市导视信息。

这次的提升最终能到达预期效果，也与政府的充分理解和大力推动分不开，在系统构建和实施过程中，涉及政府职能部门11个，尤其在"公共设施多合一"工作中，各部门的密切配合协调和大局观念起到关键作用。同时，国家公安部交通管理局领导在听取我们的设计构想后，全力支持我们的创新，才使得这次突破"国标"的设计历程有了核心支撑。

对城市公共服务系统的柔性改造，少不了管理者、决策者体察城市未来的柔软的心。

2. 隐形和显性共同创造国际化风格

2009年为西湖申报世界文化和自然双重遗产项目（下称申遗），我和团队接到了西湖风景名胜区导视系统的设计任务。

国际化，是首先被列为设计目标的关键词，因为要经得起国际评审团挑剔的观看和体验，但是，随着设计的展开我们认识到不仅仅要使标注语言国际化，同时也必须使设计思维国际化。

西湖，可以说是中国旅游胜地中最为柔性和女性化的，不仅是她润泽的视觉印象、玲珑的尺度和移步换景的精致，还在于历代文人多以女性来比拟她的咏叹。而西湖申遗，既然目标是世界文化与自然双重遗产，就不得不把西湖的自然景观的柔性和人文意象的柔性同时表达出来。在评审专家面前，我们无法用中国本土游客心目中的"天堂"概念去说服他们，文化差异导致不同的人对该词义的理解也大相径庭，同时也不能用"欲把西湖比西子，淡妆浓抹总相宜"这样的传统文句来突破语言文字壁垒，只有用国际化的视觉体验形成的心理意象来最终打动评委。

设计工作组调研了众多世界遗产导视系统的成果，发现视觉导视的关键在于适度，即功能与视觉保持了一种微妙的平衡。以美国黄石国家公园的导视系统为例，公园将融于自然成为设计的宗旨，设计者用逼真的落叶图像"包裹"了导视牌的立柱，使很多原本突兀的硬件变得隐形，导视遂成为景观的有机部分。

我们为西湖景区设定了"潜移默化、述而不露"的设计总原则，又设定了"系统规范、识别准确、设置人性、环境协调、引导合理、申遗标准"的分项要求。基于杭州城市美学塑造，以申遗为目标前提，以国际化为标准，协调并提升西湖景区整体形象，体现人文关怀。在视觉意象和功能保持两方面进行相辅的设计，尽力将"柔性"的意象覆盖西湖景区。

在视觉板块，从杭州西湖景区的四季色彩中提炼了稳重且温润的暗棕色，其色值与景区国家标准中规定的色值属于同色系，区别在于新色更润、更厚；在导视牌支撑硬件的色彩上采用了"隐、退"的指导思路，用暖性的深灰为主色，使大体量的杆件在视觉上可以隐没在树干和草丛之中；导视牌背面依照设置点位的特殊性，我们将该景区风景照片进行色彩"降艳度处理"后置于指示牌背面，使原本要么裸露基底，要么成为广告空间的背面得到统一的柔性处理。

在功能板块，首先，将整个景区导视系统划分成4个引导层级，分别为城市道路大型指示引导、服务于车行的中型引导、服务于行人与车辆的景点单独信息引导、服务游人的景点详细信息引导。并将这四层信息的关系设定为"起、承、转、合"四个步骤，综合完成从城市空间直到景点的全面指引。

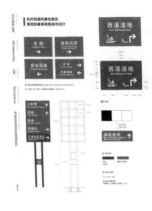

图6

其次，重新规划原有指示系统的布点、落位、朝向等要素，并整合了所有引导信息，将引导牌统一设定成5栏式，结束先前2栏、3栏、4栏、5栏混用的凌乱视觉印象，这样设定的益处在于可以为未来信息增加留足空间（见图6）。

再次，结合西湖景区60平方千米内复杂的环境和现状，景区内散布了杭州西湖国宾馆、度假村、部队疗养院、省级医院、省级事业机关、餐饮企业等服务机构，有几十家之多，自然村、景中村有十余个，必须在导视功能中处理好景区内景点、自然村和各单位的层级关系，同时我们也沿用了已经成熟使用的杭州道路交通指示系统的设计进行统一和分级，使景区导视同时兼顾城市生活导视功能。

最后，景区导视系统的覆盖范围和设计深度也被进一步扩大，将景区导视、景点导视、景区商业店铺招牌、景中村沿街建筑立面形态与色彩、园区清洁车辆涂装和人员制服、景区停车场指示、景区临时提示牌与市区交通换乘指示系统等相关设计体系一并考虑，实施时相互协调和连接，使整个系统既视觉意象一致又功能连贯畅通。

完成后的西湖风景名胜区导视系统给申遗评审专家团留下了深刻印象，认为该系统在满足多国文字标注等硬性底线要求的基础上，还在标示自然景观和文化意象体现上做到了很好的平衡，同时注重对公共服务功能的隐性提升，是为整个申遗"加分"的设计。

二、心理的城市空间和城市形象

1.用公共艺术塑造城市心理意象

许多城市因历史原因，早已在人们的心里形成了固定的意象，如中国的大庆、东营、克拉玛依等城市，它们因石油工业而兴起，城市也随工业而形成粗壮、厚重、冷峻的视觉外化和心理意象，这样的城市如何在城市精神和形象上朝多元的方向发展呢？毕竟城市的产业命脉和城市生活是都需要兼顾的，如何让这些坚硬冰冷的工业重镇有所软化呢？

德国工业重镇杜塞尔多夫紧邻著名的鲁尔工业区，拥有众多钢铁、钢材、钢管、机械、化工和玻璃企业，如德国汉高、蒂森克虏伯、费巴公司等均将总部设在此城。一直以来，该城是德国乃至国际重工业、热处理业、机械行业的中心，由于二战时它基本被盟军轰炸殆尽，城市建筑多为新建，城市视觉面貌上更是比其他德国城市更加冷峻，大体量的建筑非常浑厚，建筑立面和街道色彩均比较灰暗，带有冰冷坚硬感。

但杜塞尔多夫是一个进化中的城市，除工业重镇属性外它还是国际一线会展重镇。这是战后德国产业调整的结果，将各单一的城市属性变得更加多元和丰富，全球一线的12个会展城市德国就独占7个，杜塞尔多夫排在第三位，足见这个德国城市在新兴产业中同样占主导地位。此外，杜塞尔多夫在德国的艺术、教育、文化、体育、交通上均占有非常重要的位置。

为了让杜塞尔多夫的多元内涵可以呈现在相对厚重冰冷的城市界面中，2001年，政府做了一次非常有效的公共艺术活化运动。政府以一个2米高的"跳舞的人"作为基本载体，人形呈"大"字形，设置多样的摆放方式，可以双脚站立，也可以单手支撑，更可以以头顶倒立。政府邀请了近百位艺术家和设计师进行个性化的创作，并在基座上铭刻创作者的名字和创作意图。

这项活动得到受邀创作者的全力支持，每个"跳舞的人"都是那么独特。更难能可贵的是，创作者充分考虑到最终作品所摆放的城市空间，如在酒吧众多的街区旁，艺术家会用红酒软木塞或啤酒瓶盖密集地做成雕塑的"皮肤"；在现代商业中心，跳舞人形则采用现代的不锈钢材料予以配合；餐饮街边的跳舞人形则被塑造成蓬松肥硕且有棉花糖的质感，等等。这些公共艺术品被合理地设计和安置在城市各个场所和节点，几乎遍布整个城市界面，原本冰冷的灰黑钢架玻璃建筑群被轻松地激活了，城市在心理上变得更亲切和有活力（见图7）。

这项活动的成功，使得类似的以公共艺术品活化城市的活动开始在欧洲城市传播开来，柏林市为自身设定了"柏林熊"的母形，西班牙的马德里市则选用了"公牛"作为活化母形，这项颇具城市精神意象的公共艺术让城市的心理品质更具黏性。

图7

2. 用色彩营造新地下空间

城市的交通系统是由地面交通系统和地下交通系统组成的，进入现代社会之后，由于城市框架已经成型，仅靠地面道路空间已经无法完全起到流动和疏散作用，地下交通系统就显得越来越重要，它像城市的一副隐形的血脉，用梦幻般的方式参与着城市交通生活。

在设计地下空间时，如果处理得不好往往会使这段体验变成噩梦，就像很多坐过纽约地铁的人都会抱怨那里面带着老鼠臭味的热气和狭窄、幽闭、黑暗的通道，以及肮脏的设施和使人不安的涂鸦。这些来自人们本能地对幽闭空间的排斥使得地下交通设计与服务印象提升成为各城市需要解决的难题。

瑞典斯德哥尔摩的地下交通设计给我们提供了不同的思路并成为很有益的借鉴源。这个20世纪50年代才建成的地下交通系统，在其规划时已经设定了与众不同的目标，它不是历史最长的、开挖最深的、线路最长的，也不是装饰得最富丽堂皇的地铁，但它是真正把亮丽的色彩引入地下并成为将艺术与生活完美结合的地下空间系统设计样板。在它建成的第一站中央地铁站，空间外壁就大胆采用不经

图 8

修饰的凹凸岩体，用鲜艳的深蓝色包裹着自然岩石中的月台、铁道和扶梯，再借由艺术家涂画在天花岩壁上的巨型树叶，结合巧妙照明，一个梦幻般既原始又现代的地下意象空间就呈现出来了（见图8）；而在索尔纳中枢站，则用通体壮丽的大红涂装了整个岩洞，粗糙而厚重的岩壁肌理与精致的现代工业扶梯形成悬殊的对比，让人在被震撼之后又深深地被吸引。可以说瑞典创造了一种半成品式的地下体验，但由于它的原始和艳丽并存，我们似乎会忘记交通活动本身，而置身于城市特殊空间的艺术体验中，这种不完整的工程带来的完整移情体验，色彩、材质和灯光起到了关键作用。

再举一个国内的例子，2009年6月至2010年10月，我和团队接到了"宁波轨道交通视觉形象与文化形象塑造规划"的设计委托，开始首次为地下交通空间做营造规划和设计。宁波轨道交通建设的启动时间晚于全国诸多大城市，除了可以规避已有弯路和借鉴成功经验外，这反而给这个新城市工程带来更高要求。

既然是全新的塑造，起点一定不能仅仅锁定在交通功能本身，也不能把它变成城市文化的博物馆和展示长廊而丧失与生活的活态连接，结合现代城市越来越民主的设计趋势，我们说服指挥部并达成了塑造目标的共识。塑造目标被确定为"创造和美新生活"，塑造要求具体为"人是生活的主体，轨道交通形象塑造以人为本；轨道交通改变城市生活并为生活服务；轨道交通是享受生活的方式"。可以显见，交通功能本身已经被明显弱化，提到最显著的是"人、生活、服务、享受"等关键词。

首先要解决的是地下空间的幽闭感，这一负面心理意象在国内现有的轨道交通设计中都没有得到有效解决，所以它成了我们设计时必须突破并树立新城市交通形象的重点。

我们结合"创造和美新生活"的主题目标，为宁波轨道交通提出了"通透"这一塑造的核心概念。这是一个非常意象化的关键词，但它的内涵可以直接解决幽闭问题，外延随着团队的梳理，变得更能覆盖全部应用领域。"通"指向博通、变通和畅通，"透"指向剔透、透达和透明，分别又针对人、事、物表达为：对人，视觉通透；对物，功能通透；对事，生活通透。接着，"通透"这个核心概念被引申为：轨道交通与社会的通透、轨道交通与城市的通透、轨道交通与城市交通的通透、轨道交通地上与地下的通透、轨道交通与业态的通透、轨道交通与使用者的通透、轨道交通与使用者内心的通透等。

"通透"核心概念的抽象性和覆盖度，使得我们必须找到一种视觉元素来外化和诠释它，它也同样要兼具抽象性与覆盖度，最终的焦点锁定在色彩上。色彩，在国内轨道空间设计中一直被"窄用"，即只使用其物理发色原理和生理接收原理与技能。谈及色彩，往往只用于轨道地图线路间的区分或车体色彩涂装，而对色彩在地下空间中的综合使用以及使用者对色彩感受、反馈的心理关系营造都少有涉及。

宁波是一座特殊的城市，除了"书藏古今，港通天下"的城市精神外，在城市视觉特色上它是一座既是港口又是水乡的城市，通过对宁波城市色彩的抽取和归纳，最终我们确定使用通透的蓝色和灵性的银色，而且同时使用蓝、银两个色系去诠释宁波特殊的地下空间意象。

选择用色系而不是用单独色块去演绎，是为更好地用色彩统领整个城市的地下空间。我们想打破国内其他城市"一线一色"的地下空间塑造定势，我们用不同的蓝、银色系组合来塑造宁波所有的地下线路和地下空间（见图9），使整个地下空间给人的心理意象都是相同的，都可以最终在使用者心理形成"通透"的总意象，再加上城市交通的无缝换乘会使得设定单独线路的色彩是走向无序和繁杂的死路。

主色系范围

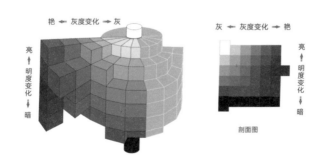

主色系色立体

图9

蓝、银色系组合不仅体现在地下空间的月台和通道，我们将色系扩展到了地面出入口建筑、通道、电梯、扶梯、购票空间与设备、出入闸机、站厅层、站台层、车体、候车服务设施、车体内部设施、车票、导视系统、移动多媒体等更多交通参与界面，使色彩成为"通透"新交通生活的如水般渗透的载体。

三、有机的城市界面和城市意象

1. 传统文明与技艺如何"廉价"延续

　　今日中国在城市界面上因"面子工程""形象工程"而广受诟病，原因无非有两个：没有正视城市特质和文化遗存，没有用巧力而是花大代价去营造所谓的文化界面。

　　中国、日本和韩国都拥有相近的传统文明与传统手工技艺，但在传承、保护和活用上，中国远远落后于日、韩两国。以日本为例，被称为日本"民艺之父"的柳宗悦在20世纪初深入考察中国、朝鲜、日本的民艺，并收集整理，著书传播。"民艺"一词也是由他首先提出，1936年他在日本创办民艺馆并任首任馆长，这些看似"后退"的细致工作，却为日本在战后能迅速提升建筑、产品、服装等设计的进步打下扎实基础。柳宗理，作为第一代日本现代工业设计师，继承了前辈的衣钵，1977年任民艺馆馆长，并将传统文明与技艺融合现代设计材料与手法，是20世纪50年代就被世界认可的国际级设计大师。他的设计理念是从传统中汲取力量，最大限度地追求有生活态的功能性与舒适度，他不屑于那些花费巨大而又稀奇古怪、引人注目的设计，更崇尚随着时间流逝能逐渐感到体贴温度的设计。

关于这一点，我在欧洲考察时也有体会。德国的著名古城——亚琛靠近荷兰与比利时的边境，曾经是法兰克王国国王查理大帝定都的所在。从有1200余年历史的亚琛大教堂中，可以找到该城市引以为豪的玻璃制作传统技艺，厚实的玻璃砖块与石质的教堂在外立面形成完美组合，转到内部，会发现光线被厚实的玻璃阻隔并漫射，形成令人敬畏的宗教意境。

在大教堂不远的街角，我发现一座现代建筑，业主是德意志银行（见图10）。之所以称其现代，是因为它完全采用钢架结构并辅以巨大玻璃的标准现代主义设计手法，但走近却发现，在巨大玻璃墙面上有着丰富的肌理，使原本简洁得有些平淡乏味的幕墙充满生机。经仔细询问和研

图 10

究，才知墙面是采用当地传统的玻璃制作技艺，关键是材料一律来自废料和边角料，可以在里面找到玻璃店割剩的细玻璃条、旧物回收的啤酒瓶底、建筑工地上的残次夹胶玻璃等再利用的材料（见图11）。这些造型各异、色彩微差的原材料结合传统技艺后，造就人们在街角上独一无二的视觉享受，将这些极好又极廉价的材料融合于一体，使我们既看到城市的过去又看到城市的今天和未来。

图 11

2. 城市主动脉的谋定而动

有学者将道路称为城市的血脉，道路也是除建筑外占领城市表皮最多的公共建设，这无疑使道路成为城市视觉界面中举足轻重的角色。

波士顿的著名高架路"中央干道"的几次改建，以及随改建而引发的对城市建设、城市意象以及城市设计思考本身的讨论非常值得今日中国城市在发展时汲取和深思。

波士顿中央干道和斯托罗干道是两条穿过波士顿市中

图 12

心的城市高架路，始建于20世纪中叶的二战后。当时是为缓解城市中心城区交通压力而建，这是那个时代解决交通矛盾较为先进的做法，即将快速交通与慢速交通和人流分置，这种做法同样可以在1980年后的中国的许多大城市中看到。

当时为了道路工程，波士顿市政府在市区中心拆除了一片区域以应付道路基础修建（见图12），1951年动工修建，当时修路耗资1.5亿美元，在半个多世纪前这数字相当于今天的100多亿美元，在当时也给政府财政带来了巨大的压

194

力。建成时在功能上确实提升了一定的交通通过率，缓解了城市中心拥堵的状况。

但中央干道对城市结构的破坏问题，却从建成之日起一直备受批评。在提升交通功能性受到认可的同时，批评主要在于该工程对城市视觉印象和城区互通性上的严重干扰和阻隔，将城市中心的南北两半完全在视觉上隔断了，而且灰白色的水泥巨构与波士顿原有的建筑屋顶色彩（因处于同一视线高度）严重脱离。林奇是这样评述它的："如果从下面看，中央干道是一堵巨大的绿色墙，断断续续，时隐时现；若是看作一条路，它是一条升起的丝带，曲折起伏，镶嵌着标志牌。令人惊讶的是，这两条路给人的感觉都是在城市的'外面'，即使穿过它也没有什么联系，每一个交叉口的转弯都让人迷惑。"[85]

为了修整这条"不属于波士顿"的高架路，将波士顿的城市视觉意象予以恢复，20世纪80年代起相关人员开始讨论如何拆除这段高架路。提出的新建设方案大致为：拆除一段横贯城市的高架路，用地下开挖的隧道以替代其交

---

85 凯文·林奇：《城市意象》，方益萍、何晓军译，北京：华夏出版社，2001年，第18页。

通功能，长度约5.6千米，同时将地面空间还给城市，建成景观式、可步行的新街区。在街区方案中又增设许多绿地和美术馆、博物馆等公共设施，其中对美术馆方案的设计思路放弃对本身造型艺术性、独立性的追求，而是把顺应人流、利于参观、融于环境作为首要目标，使城市重新回到了人们的怀抱（见图13）。

平心而论，这确实是一个堪称民主的新设计方案。因为原方案的出发点仅仅从城市交通运转本身出发，目的只有一个——缓解交通压力，但置其他如居民生活体验、城市视觉品质、城市意象等因素于不顾。所以在交通压力进一步扩大之后，连这条主干道也被称为"世界上最大的停

图13

车场"时，高架路的优点已经全无，而当初缺乏民主设计思考的弊病则完全显露。与之相反，新方案在保留交通功能的基础上，着重体现了市民参与、城市软形象、新城市意象和精神，在建成后的街道上，政府竖立了一块铭牌：波士顿政府致力于把城市建设成一个可行走的城市（walking city）。

事件至此还远没有结束，要实现这一理想方案，代价是巨大的。新方案由于要进行地下开挖而被戏称为"波士顿大挖掘（Boston Big Dig）"，最初的预算为28亿美元，但这也远远超出城市和麻省的政府能力。在历经多年的广泛游说之后，美国国会于1987年通过了一个公共工程法案，对该工程进行联邦拨款。但当时的总统里根以耗费过于巨大为由否决了这个法案。直到国会再次推翻总统的决议后，大挖掘工程才最终于1991年破土动工。2003年，大挖掘工程建成通车，超支100多亿美元，总经费达到220亿美元，还债要还到2038年，支付利息70亿美元，按照5.6千米隧道长度来折算，每米的花费竟然高达2700万人民币！（这其中也涉及政府与盈利企业的勾结和"洋豆腐渣工程"等问题，但不在本文讨论范围内，总之代价是巨大的。）

至此，我们可以看到为之前一个错误的城市建设的改造，半个世纪前的快速兴建，和今天的艰难改造，无非是将城市界面恢复成有机状态，需要花费多大的代价。

回顾中国，20世纪80年代后中国主要的大城市如上海、广州、北京等以建设高架路作为城市先进性的代名词，当时的主流媒体还以广州"向空中要路"的多层高架路为推广热点，全国都兴起了在市中心建设高架路的热潮。但我们的高架路没有像波士顿的"中央干道"能"苟延残喘"半个世纪，十余年后，高架路对交通缓解的能力减弱，并且将对城市视觉界面的破坏和对城市生活的漠视隔绝等缺点暴露无遗，许多城市出现社区居民集体抵制高架路穿越自己的家园的维权行动和呼声。自2008年起，多个城市又掀起一股拆除高架路的新热潮，连上海市曾经十分自豪的有"亚洲第一弯"之称的上海延安东路高架外滩下匝道也被拆除，还有的城市如南京在拆除高架路的同时进行地下隧道的开挖。在波士顿上演过的拆建风波，在中国不断被重演，错误建设的代价和学费也不断被支付着。

四、有效的公共服务和活化的公共资源

1. 服务设计、交互设计成为有效的传达主力

关于公共服务的相关设计，不得不提目前设计界比较重视的新设计分类：服务设计、交互设计。这是一些对以前按照学科进行设计分类的进化和提升。

这些新设计观念和设计结果有时是有形的，有时又是无形的，如服务设计更注重设计思维、设计思考本身，将人作为核心，思考的是如何让人获得更佳的服务体验，同时强调和原有传统设计学科的互融、交叉、协同，同时为服务和人去创新，使得服务变得更加体贴、高效、低碳，使被服务的人得到更多超过服务本身的欣慰、愉悦和认同。交互设计也同样不是对单个物的创造，它更加注重对人的行为与特定服务情境的设计和控制，虽然交互设计目前仿佛只在围绕产品、界面等传统关键词，但交互设计的实质是以人为设计中心，由此出发去设定人与物质、人与情境，直至人与文化、历史等的关系，强调人的体验，同时强调体验者感受的提升。

服务设计、交互设计、设计体验等经常被同时提及和使用，它们的共同点在于不为设计而设计，进而为以人为

核心，对服务和体验进行全方位规划，这一核心特质，在未来城市生活和公共服务领域会发挥出更显著的推动作用，并成为公共设计的主流思想。服务设计、交互设计的出现频率在交通、银行、能源、信息、教育和医疗卫生等城市公共服务领域较高。

我们以四川美术学院课题组为重庆市一家区县级医院进行服务体验提升设计为例来说明。

课题组接受的服务提升委托涉及的范围并不是医院服务的全部，而是将重点聚焦于如何降低输液环节中的医疗事故率。据公开数据显示，2013年全国输液量已经达到100亿瓶（袋）以上，初步调研和访谈时，课题组在抽取的某县级医院近3年"不良事件记录"中，发现医疗事故主要集中在输液这一看似平常的环节，"输错液"大约占整个"不良事件记录"总比例的30%。虽然有多名医护人员参与整个过程的核对和检查，但拿错药、输错液、打错针现象还是会经常发生，除去一小部分患者造成的原因外，医院方是事故发生的主因，这就使课题组明确了改善设计的切入点，即最大限度地减少出错概率。

两次实地跟踪调研中，课题组花了3个月时间，通过跟踪、观察、访谈、角色模拟、情景模拟等手段，着重

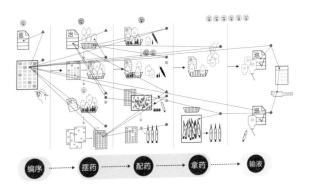

图14

对护士输液全过程中时间推移轴线和多个接触点（touch point）上的体验进行全面研究。终于将输液最易出错的关键问题清晰理出：人工换算液体量和顺序，繁琐低效，易出错；各类信息未对应分类，系统低效，易出错；药物堆放混乱，拿取低效，易出错；信息口头传递，备注随意，易遗漏；病人信息识别困难，不易核对，易出错（见图14）。

　　针对已经浮出的问题，课题组设定了基本设计原则：不改动护理流程与各角色的主要任务；考虑县级医院实际情况，不增加太多成本，以低成本改良设计为主；从流程出发，认识和梳理各接触点之间人、物、行为、目标之间的交互关系；信息与物件的设计要符合角色现有的认知与行为习惯。

在"行为"改进过程中，课题组着重调整了输液护理的第一个环节，将以往习惯性的随意、无序予以规范和控制，这样的调整使得后续的第二和第三环节减少了混乱，大大降低了护士操作期间的焦虑烦躁情绪（关于护士面对混乱导致的情绪波动，课题组前期均有详细记录和测算），最终使得出错率明显降低。

具体落实到设计上，课题组重新设计了8种贴、签、单、表来代替原有的3种（见图15），虽然数量增加了，但这些

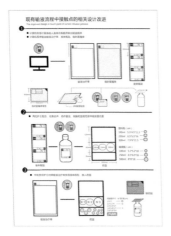

图15

信息载体因合理约束了错误的产生，同时为每个环节的接触点和行为设置了承接关系，不会因个人情绪所左右，所以使整个服务过程护士的行为、心态都得到调整；在视觉呈现方面，课题组保留了必要的信息，重新梳理信息传播流程，在不大幅增加成本的情况下，尽量使用医院原有的打印设备、纸张品类与尺寸，虽然还是低成本的单色打印，但信息的识别度却大大提高，有效降低出错率；在硬件产品设计提升方面，课题组重新设计了摆药篮，按照护士取药的习惯与新流程，将最容易出错的前3组药予以突出，药篮的隔断尺度也做了精心设计，使得多放、少放和漏放等出错概率被有效降低。

回顾整个提升设计与研究过程，我们会发现，仅仅提升视觉层面的美观度和舒适度是远不能满足公共服务需求的，原有的设计专业分野会使得最终设计出现似是而非的结果，综合性、目的性更强的交互设计与服务设计理念将在今后的城市公共服务、传达中占有越来越多的份量。

2. 踏查与活化城市闲置公共资源

现代城市中，随着公共服务的提升与更迭，许多公共场所和空间会不适应新的需求，在逐步退出历史舞台的同时，变成一个个空置的褪色空间和失落空间，它们的不断增加，无疑也使城市的空间利用效率降低并使城市公共形象受损。

2009年至2010年间，中国台湾台北艺术大学和师范大学两所学校的师生共同发起了"中国台湾公共闲置设施抽样踏查"活动，共分两次踏查了400余所闲置公共设施与空间。这其中涵盖了大开发背景下产生的大型园区、盖到一半停工而闲置的设施、新建但缺乏实际效益的建设项目、经营管理不善的馆舍、已经完成历史使命虽被闲置但仍可继续使用的空间，由于这些空置空间鲜有人迹，在中国台湾被戏称为"蚊子馆"。

在中国大陆，快速城镇化、土地流转和产业转型也同样导致了大量闲置公共资源的出现，但矛盾没有中国台湾那么严重。因为在大陆，土地经济成为政府财政主收入，拆迁变成了法宝，甚至拆迁本身也成为 GDP 增长的来源之一。但还是会有很多闲置空间未被合理利用，自2002年北京第三无线电器材厂摇身变成798艺术区后，各地政府似乎又发现了一条直接将重工业遗存的烂摊子转变成无烟创意文化产业园的"捷径"。截至2007年底，杭州市已经打造了10个文化创意园区。今天，全国的发展态势更是壮观："从文化创意产业园区发展情况来看，目前全国文化产业园区超过3000家，各类文化创意产业园区已多达500家之上。国家已命名的文化创意产业各类相关基地、园区就已超过350个，其中文化产业示范园区和基地在32个省（自治区、直辖市）都有分布，其中，北京、上海、江苏、浙江、广东、山东为文化创意产业园的高密度集中区，也出现了注重了与科技、创意、贸易、金融、旅游等的跨界融合的园区。"[86] 但这样的热闹表象之下，由于各园区的经营主体有政府投资经营、政府投资企业经营、国企投资经营和私企投资经营几种，经营模式创新不足，是否真的实现了闲置空间的活化还很难断定。

我们回过来再仔细分析中国台湾的做法，有几个方面值得我们思考和借鉴。

首先，社会力量和私人资本会更多地介入社会公共闲

---

86 《中国文化创意产业集聚区分布图 2013－2014》第四版。

置空间的活化。从两所大学发起民间抽样踏查活动可以看出它的非政府性，但同时，这些民间和社会力量却主动提供给政府实际的现状信息、修正建议，以及后期跟踪监督信息，使得政府和公众的关系趋于良性和健康。

其次，政府的主导能力会呈下降趋势，中国政府对闲置空间的热心投入有土地财政的动因，但这不持久，政府一旦撤离推动闲置空间再利用的主导地位，我们并没有做好准备和预案。

最后，中国台湾地区在这轮闲置空间的踏查中暴露出了一些社会问题与趋势：如中国台湾当局的部门闲置营区达422处，教育部门受少子化趋势影响而闲置了26所小学校舍，这类现象今天在中国大陆仿佛不会发生，但随着人口老龄化、新生育高峰的临近以及国际政治、军事关系的转变，在中国台湾及其他地区发生的现象或许即将在大陆城市上演，我们同样没有为此做好准备。

中国台湾地区的"蚊子馆"民间调查，最终促使各管理部门和私人投资者开始行动，减少了对纳税人贡献的不当使用，更可喜的是有53个后续新建项目因此而被谨慎搁置，这些被停止的项目由于可能会成为新的"蚊子馆"而被称为"孑孓馆"。

中国台湾地区关于"蚊子馆"踏查的先进性还在于认清了众多公共闲置空间的症结，即并不是缺乏公共空间，而是普遍型公共空间过多而稀释了专业性、针对性的公共空间；再有，公共空间占用公共资金，是否可以考虑建立评估机制、退出机制与监督机制？公共空间的活化是否仍单一以经济和使用人数为唯一标准评判？是否能更倾斜于城市低收入和弱势族群等无法享受公共服务的市民？以上这些都是值得中国在处理闲置公共服务空间、提升公共管理和提升公共服务水平时吸取和借鉴的。

如果能在城市公共管理和服务中思考得如此谨慎、公正和客观，那城市也会变得更先进、更柔性的。

五、愿景中的新城市精神

自1997年回归祖国之后，中国香港作为世界都会一直引领着中国城市发展，这不仅仅体现在其已有的经济中心地位和国际贸易中心的优势，最关键的也是内地城市往往忽略的，是中国香港一直抱有超越当下的未来城市愿景，并不断为实现这常新的愿景而努力着。

2001年，"财富全球论坛"在中国香港举行，"中国香港城市品牌"借此时机向全世界公开亮相，这是中国首个提出城市品牌的城市，也可以看作中国城市整体形象塑造的开端。自此以后，借着精心部署的宣传策略，"中国香港品牌"的形象标志和标语已为世界各地所认识。由"香、港"两个汉字组合成的飞龙视觉形象由朗涛设计公司操刀完成，"亚洲国际都会 Asia's World City"是其品牌的主题句，视觉形象和主题句提炼准确，已等同于中国香港。完成城市品牌建立之后，中国香港开始大力推广自己的城市品牌形象，仅2011年下半年，借中国香港官员外访之际，已经在12个国家和30余个城市进行推广宣传。

中国香港是个活力充沛的现代城市，社会多元化且不继蜕变演进，犹如品牌所代表的城市，"中国香港品牌"也需要不时地检讨，必要时予以更新，与时俱进。"中国香港品牌"2011年在保持原有主题句不变的情况下，只更新了视觉形象，聘请中国香港著名设计师陈幼坚先生设计了新 LOGO。这个设计作为当年重要的设计事件之一引发了不少争议。陈幼坚先生对原有设计的改动不多，视觉上仿佛只是增加了三条变化的长彩带，而设计费为300万港币，很多"见过世面"的城市决策者和设计师戏称每条彩带价值100万港币（见图16）。

　　浮躁的心态和快速的评判，导致许多人没有发现这次中国香港城市品牌提升的真正着力之处，仅以视觉进行优劣评判的评价方式看来需要进行检讨了。为深入地了解这次设计提升，我们有必要考察几个过程和事实。

　　首先，很多人诟病在这次更新城市品牌形象时没有改动主题口号，尤其在中国内地城市纷纷花样百出地提出新口号的时候，"亚洲国际都会"这一旧口号似乎已经无法提起人们的兴趣。但批评者却不知道，这句口号的保留，可不是几个专家或咨询公司在会议桌前靠头脑风暴仓促产

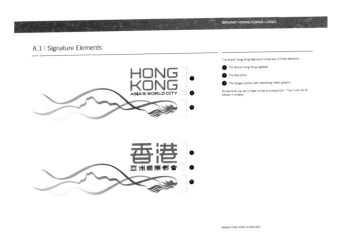

图16

生的。2008年9月28日，中国香港特区政府建立了网址为"www.myhk2020.com"的网站，至当年11月，在两个月时间内，请市民利用这个网站，通过上传文字、相片、图画、短片，或参与网站每周的问卷调查，表达对中国香港2020年城市未来的看法和展望，"公众参与，共创愿景"是这次愿景调查的总思路。公众意见和建议最终收集到约300万条，整理归纳后，成为新"中国香港品牌"所代表的愿景和价值观。

为了使愿景调研更具参考性和准确指向性，中国香港特区政府还组织了针对城市各阶层、各年龄、各职业的定点专访，这其中包括：通过"优秀人才入境计划"成为居民的"新中国香港人"、中国香港东亚运动会中为城市夺得金牌的运动员、粤菜烧味大排档酒家的第二代掌舵人、获米其林美食评级一星的点心店主、五代定居中国香港大澳的原住民、著名跨媒体艺术家、中国香港土生土长的知名演员、4岁刷新吉尼斯世界纪录的小童、海洋公园主席、"兰桂坊之父"，等等。这些代表中国香港不同领域与阶层的人士表达出的鲜活愿景，无疑成为"中国香港品牌"有力的中坚。

"亚洲国际都会"这一主口号没有改变，但支撑它的愿景和价值观已经有所调整。我们对比一下2001年和2011年中国香港城市品牌的"核心价值"和"中国香港特质"的描述，核心价值由"文明进步、自由开放、安定平稳、机遇处处、追求卓越"改为"自由开放、积极进取、追求卓越、勇于创新、优质生活"；中国香港特质由"大胆创新、都会名城、积极进取、卓越领导、完善网络"改为"国际都会、安定平稳、连接全球、多元共融、活力澎湃"。细心品味，可以发现几点变化：城市的国际都市与连接全球定位更加清晰；优质生活被提升至核心价值，体现出公众参与的力量；多元共融更好地描述了中国香港的特质。所有的改变是务实而无华的，是在中国香港特区政府和市民有共同未来城市愿景的前提下提炼出来的。

其次，关于视觉形象，改变的其实远远不止三条彩带。原有 LOGO 最大的弊端在于过分完整，应用时往往无法融入城市各个环节，陈幼坚先生将主 LOGO 原有的中文"香港"替换为更加简练的"HONGKONG"，并加入了更加灵活适用的彩带，这更利于在各个不同城市场景中使用。他还为新提炼的"核心价值"和"中国香港特质"都分别设计了象征性图形，这些图形在不同推广语境中可以辅助主 LOGO 一并出现，使得城市品牌视觉形象既统一又常见常

211

图17

新（见图17）。

可见，中国香港城市品牌的塑造，绝不仅是简单在视觉上和文字上进行蜻蜓点水的改动，它是由社会各界领袖和广泛议政团体的集体参与，以及中国香港特区政府进行主动征集归纳的公众调查意见集合而成，最后精神语句的提炼和视觉核心的点睛都数上乘，作为支撑的是城市对未

212

来的开放与憧憬。

2011年底，我在参观"中国香港规划及基建展览馆"时，赫然映入眼帘的是"HONG KONG 2030"的标题，这样的胸怀和气度再次让我肃然起敬。在1000余平方米的展示空间，我看到的是务实的调研与检讨，在这里可以聆听市民关于城市建设听证会的建议发言录音，可以看到对几十平方千米自然生态区域的详尽分类和保护措施甄选，可以感受到中国香港特区政府谨小慎微、踏实周密的规划态度。与之相反，内地的规划展示馆虽然仅一个沙盘尺度就超过中国香港的整馆面积，但大而空洞，居高临下的姿态也暴露无遗。

我们更期待一座温暖负责的城市，一座始终抱有对未来的常新愿景的城市！

六、以民主设计精神为中国农村做设计

1. 中国农村需要现代设计介入

农村问题，在很长一段历史时期几乎是中国问题的全部，梁漱溟在其乡村建设理论中提到当时农村青黄不接的状态，"自中西两个不同的文化相遇之后，中国文化相形见绌，老文化应付不了新环境，遂不得不改变自己，学西洋以求应付西洋；但结果学西洋没有成功，反把自己的老文化破坏了，把乡村破坏了。……这是中国最痛苦最没有办法的时候，所以现在最要紧的就是赶快想法子创造一个新文化，好来救活旧农村。'创造新文化，救活旧农村。'这便叫作'乡村建设'"[87]。可是，近百年后，梁漱溟希望创造的新文化却一直没有被建立，农村就像一个被开膛后等待救治的病人，多年来的根本问题也没有被解决。

沙里宁曾经在其有机理论里提及城市和农村的关系，他认为城镇规划不仅牵涉到城镇居民，即便是农村，亦被牵涉到，直接或间接地与每个个体都有关。格迪斯也同样站在进化论的角度谈及城市和农村的关系："正如从古代中

---

87 梁漱溟:《乡村建设大意》,《梁漱溟全集》第一册, 济南: 山东人民出版社, 2005 年, 第 615 页。

国到近代法国，所有的历史都表明：相对于战争，国家的生存更多地依赖于城市和乡村的和谐发展。"[88]

随着中国城市化建设的逐步推进，大量人口开始向城市集中，城乡人口比例也有了根本性变化，截止到2011年，中国城市人口首次超过总人口的50%，在几千年始终以农村、农业为根本的中国，这是有历史意义的一次根本革新。按照国家战略发展规划，今后会达到接近80%的城市化率。基于此，作为服务于社会生活的设计行业和相关产业，必须面对两个全新的设计领域，即新时代下的中国城市设计和农村设计。

为城市而设计，这是显见和有参照的，西方社会随着现代工业的兴起，城市的规划、设计已在百年前建立，并在之后的100年内逐步趋于成熟。严格意义上，西方社会城乡比例关系中始终以城市为核心，并没有真正意义上的城乡、工农等两极分化，甚至可以理解为以现代工业统帅并带动现代农村、农业的发展。即便在20世纪初，有英国和芬兰学者提出"田园城市""城市有机分散"等理论模型，

---

88 帕特里克·格迪斯：《进化中的城市——城市规划与城市研究导论》，李浩、吴骏莲、叶冬青等译，北京：中国建筑工业出版社，2012年，第89页。

也同样是以城市生活扩散并涵盖农村地域。所以在西方，成熟的城市设计体系，足以应对绝大多数生活、设计、信仰、传播等社会需求，但在中国，问题要复杂和迥异得多。

在中国，城市和农村自古是有壁垒的，推翻封建帝制后，随着近百年的现代化推进，在城乡差异上取得的进展远低于其他领域。以户口建制为例，源自历史的森严壁垒始终使中国农村处于从属、次要与被忽视的地位，这样的情况直到近些年才开始有所松动。随着改革开放以及劳动密集型产业的带动，大量人口开始向城市集中，速度之快超过我们的政策和规划，以国家对城市规模的界定为例，2012年仍沿用20世纪80年代制订的"50万人口的城市，可以界定为大城市"等标准，显然已经远远落后于现状。

中国城市快速膨胀的同时，带来了农村的快速抽空和萎缩，这不仅仅是体现在人口数量上，更加让人担忧的是，原本尚存在农村的信仰体系、传统礼仪、宗族认同、非遗风俗、手工技艺等都被迫快速崩坏，这让社会学者、人类学者、行政管理者、规划设计者措手不及。正是基于这一严酷现状，在扩大城市化进程的同时，一定要同步进行现代农村生活体系的建构和完善。作为设计师，必须首先面对视觉形象与符号体系在中国城乡存在失衡的现象。

2. 建立中国农村视觉体系模型

2013年5月10日，浙江省委、省人民政府发布了《关于推进农村文化礼堂建设的意见》，该意见是在正视农村已经显现的核心价值偏失的基础上而进行的有效改革推动。在该意见中，将"文化礼堂，精神家园"作为关键词，以"开展文化活动、接受文明洗礼、丰富心灵世界"为手段和目标，在全国率先开始推动新农村精神层面、核心价值的工作。随着意见的推出，浙江省各地农村在一年内建立了1000余座农村文化礼堂，在制度和形式上恢复了礼堂、讲堂、学堂，梳理并集中展示了各地乡村礼仪、历史、风俗等内容。

但由于是首次尝试，各地农村没有先例可循，农村文化礼堂相对粗糙地被建设、梳理和展示，并未完全达到省政府的"精神家园"的核心目标。鉴于此，2014年3月5日，第十届全国人大代表、时任中国美术学院院长许江在"两会"提出了《关于活化传统、弘扬美德、社会动员、全民推广的议案》，议案以"活化中国传统、重建礼仪文明、深化核心价值、蒙养全民心灵"为核心思想，再以"阅读经典、复兴节庆、更新礼仪、谋划家居、培养技艺、重建乡土"6项策略辅助实施,旨在"构建农村文化系统的符号体系、重塑中华民族文化的视觉载体"。

我所带领的设计团队正是以这样的角度切入而开展设计工作的。在设计创作开始之前,我们首先对现有农村文化礼堂、浙江农村历史遗存、浙江农村生活现状、农村文化设计需求等内容进行了长达4个月的集中调研,走访了浙江省杭州地区、宁波地区、绍兴地区、金华地区、温州地区的农村。为了有效对比,甚至对福建北部农村、江苏南部农村也进行了实地考察,期间还约请了浙江大学、宁波大学、中国美术学院的多位人类学、社会学、符号学、艺术史学专家一起参与调研和讨论,力求做到原始资料详尽,涉及领域完整全面。

第一步设计工作的核心是找到代表浙江农村的"视觉原型",并将它深化设计以引领后期工作。经过调研和讨论我们发现:在浙江的很多乡村,大樟树是最本源的、具备礼堂功能、引导村民聚集的符号,无论在现实还是在心灵记忆中,大树都会驻留在人们的脑海原乡中,也是乡外游子的心灵灯塔。所以我们以"大树讲堂"作为农村文化礼堂的视觉原型,在设计中还融入了中国文字书写笔画、农耕月相图谱、庙堂屋顶3样元素,使整个视觉形象更加丰满和有意蕴。同时采用农村宗族祠堂中常用的字体形式，结合"颜氏家庙碑"书体风格，创作了文化礼堂的标准用字。

　　第二步，我带领团队着手创作农村文化礼堂的设计理论模型——"农村文化礼堂意象维度图"，希望建立一个可以适用于多数中国农村文化建设的视觉形象和符号系统的总模型，也使得本次设计探索能辐射更多的中国农村。我们将设计理论模型分为"天地维度""人生维度"和"作为维度"3个层面，相互叠合，并纳入许江老师的"阅读经典、复兴节庆、更新礼仪、谋划家居、培养技艺、重建乡土"6项策略以及"大樟树"形态，在创作期间，蒙受中国

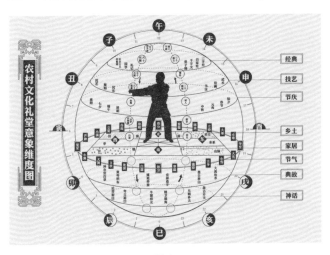

图18

美术学院宋建明老师的指导和点拨，几易其稿，终于形成了一个完备的设计理想模型（见图18）。

2014年6月，我们团队向浙江省委宣传部提交并汇报了我们的前期设计系统方案，得到省宣传部的大力肯定，并从全省12个先进县中选出12村，由中国美术学院组织力量按照此视觉形象设计系统展开工作，全面负责这些农村文化礼堂的设计和推广。

3. 打造既有特色又可复制的农村设计

在建立理论模型之后，针对有需要落地的具体村落，我带领团队要进行更重要的步骤，即对设计系统进行实地验证并逐步修正直至实施。这一过程非常重要，回顾已有的针对农村的设计，恰恰是因为忽视了这一步骤，匆匆设计并匆匆实施，导致结果与理想相距千里。

我们团队分配到的村落——徐福村，坐落在浙江省宁波地区慈溪市龙山镇。之前我们的调研方式基本为点状的访谈式，久之我们发现，通过访谈依旧无法深刻了解真正的农村，于是通过让创作团队居住在农村，完整记录、体验

"农村24小时"的方法，在逐渐融入农村生活的同时也逐渐融入农村文化当中。在新一轮的体验中，我们团队也发现起初的创作是比较理想化的，随着工作往后推进，发现迎来的问题已不再完全是起初所预想的那样了。例如，我们起初设定在农村通过视觉设计营造"乡愁"，但经济发达的浙北农村不同于全国其他地区，外出务工的村民非常稀少，多数村民自办企业，吸纳外来务工的"新村民"，所谓"乡愁"在本地村民中基本没有，反倒是外来人员有着各自的乡愁。此外，我们通过走访周边本村和几个村落，发现最聚集能量的建筑场所是村中的"红白喜事堂"，红、白喜事在一个几千人口的村落中几乎每天都在发生，村民在喜宴中交流和亲近，虽然原始且单纯，但确实提高了全村的凝聚力。面对这些新体验和发现，我们认为起初完全以视觉美感介入农村生活的思路和实际情况似乎有些偏差，如何在完善文化设施的同时满足村民的文化需求并形成一定的良性文化氛围成了后期面临的主要问题。

调研过后，我们团队决定将文化礼堂的选址选在村中的"死角"，而不是村干部推荐的新建场地。这是一个由3幢两层安置房组成的空间，居住在其中的有两类人群，分别是本村拆迁安置的老年人和外地来本村打工的外来务工人员。之所以称之为死角，因为此处是村中最为落后凋敝的居住空间，人口也最为密集，居民层级的复杂性也是全村最高的。在这样的居住空间中，正是由于有鲜活的人们生活其中，才使得我们的设计有的放矢，解决好农村中最复杂的问题才是本次农村文化礼堂设计落地的关键。通过建设文化礼堂，在丰富村民生活，提升村民文化素质的同时也提高了农村的凝聚力。

文化礼堂已不再是具有单一功能的展示台，它应该突破惯常思维以及标准，从最为经济实用的角度考虑，提高农村设施场所的利用率并将其开放化，提高村民对其的接受热情，提升场所的聚人魅力，使文化礼堂本身具备更多的功能与价值。文化礼堂，它是重塑中国传统礼仪的主要文化载体之一，应该最贴近人们的日常生活。我们将红白喜事堂融入安置生活区，使之同时具备实施祝寿礼、蒙学礼、结婚礼、成人礼等功能，这样一来，场所本身就具备了文化传承的作用。同时，我们在农村符号的设计上，通过将村中好人好事用符号形式进行现场还原，使人们每每经过时都会得到一定的积极暗示，提升全村的正能量，营造良好的文化环境。另外，我们为村中开发带有本村特色的农产品和旅游纪念品时，充分利用村办企业的生产优势，从造型到选材，从手工到批量生产的配比等方面均采取实用、适用为设计原则。

我们的设计目标是实现一个"没有顶盖的文化礼堂"。

在第十二届全国美术作品展览中，由我和团队创作的《浙江省农村文化礼堂视觉形象及符号系统设计》荣获全国美术作品展览铜奖，成为平面设计类获最高奖的作品，这让创作团队全体成员均体会到被更多认可的欣喜。

但欣喜的同时，我们也要面对十多年来数据时代给设计界带来的巨大变化，平面设计已不再是单一意义上的制作海报、个人设计，它已从传统意义上的纸质材料逐渐走向载体的多元，城市的符号语言也从单一的地图、LOGO、宣传册逐渐走向个性化、人性化、自由化的智能方式。所谓的团体与个人的概念区分已被打破，我们要积极关注未来，并由此检视当下，要更加注重社会功能及人文关怀。从全国美术作品展览中也可看出，设计已逐渐趋向多元化、大团队、大项目、大结合。作为新时期的设计者，必须具备敏锐的时代眼光，意识到时代的变化并迅速跟进，以顺应时代潮流，而非一味沉醉在旧时的美梦中。作为一名设计师，依旧需要保持自己独到的眼光及敏锐的时代感。

第五章
结论

今天，城市与生活在事实上是不可剥离的，对生活的需求研究几乎绕不开城市，同时对城市研究的渐进也印证着生活的变迁。

2010年在中国举办的上海世界博览会给全世界提出一个值得关注的主题，即"Better City, Better Life"。大多数人和众多媒体都把目光投射并局限在"城市"(City)上，其实在我看来，真正的核心词应该是"生活"(Life)，这何尝不是历次世界博览会的主题？无非此次世界博览会是借助城市这一载体来考验各国对"生活"的理解与阐释。也难怪人们愿意把"城市"作为焦点，它在今天确实是我们大多数人生活的不折不扣的载体。

伴随对它所承载的新生活的期望，以及中国新一轮如火如荼的城市形象塑造，本文正是在"城市，如何让生活更美好"的简单问句下，穷究城市发展研究的理论与思想，梳理当前中国城市发展进程中遭遇的问题，辨析生活与现代城市的"合适道路"，厘清城市形象与城市精神的辩证关系，提出现代城市精神塑造的实质，找到现代城市设计正确的解决之道。

前人对城市研究的成果，均无例外地将城市的核心功能以及城市的核心精神指向对人的关怀与关注。城市生活，归根结底是个体和人群与城市发生互动的结果，而这一互动关系，在现代城市中，需要特别谨慎地被看待和维护，应始终使它保持在有机、良性和正向的维度中。沙里宁曾准确地描述过不谨慎带来的后果："今天大部分的规划工作，就是在补救过去的错误，这些错误，是因为国家的一个最要害的问题严重地漫不经心而造成的，……这些过去的错误，实际上已无法纠正，它们很可能会一直存在下去，成为城市有机体的不利因素，……不能因前人未能防止这些错误，而过于苛刻地批评他们，我们也应当警惕自己不要犯同样的错误。"[89]

　　将城市精神长久、有机地保持和发展，依靠的是民主设计思想。民主设计是超越学科分野的综合设计解决之道，它是以个体和人群为核心的设计、对民众有善意教化功能的设计、不封闭且可主动参与的设计、与人心理有沟通有共鸣的设计的总称。民主设计与现代城市精神本身就是一种互为因果的关系，民主设计由现代城市演进而来，同时又有助于现代城市的进一步发展与提升，民主设计借由其隐性、柔性和弹性的特点，可以很好地解决当下及未来城市中出现的多元问题，并维持现代城市的良性发展。

　　民主设计可以在现代城市塑造中实现宜于生活、利于管理、易于营造、有机永续等目标。

　　本文期待以设计的民主，推动城市的民主，进而推动人类生活民主和人类社会民主。

---

89 同上，第89页。

致 谢

本文基本脱胎于我的博士研究生论文，就读博士期间，得到宋建明、郑巨欣、吴海燕三位导师的悉心指导，导师们严谨的治学精神和精深的学术水平，使我的设计视野得以拓展，设计实践能力得以提升，设计理论思考能力得以增强，这些都是我在读期间得到最大的收获。

我在本论文撰写过程中，得到很多师长、同行、朋友的热心帮助，清华大学马泉教授提供了他最新城市视觉秩序的研究成果并多次与我讨论选题；中国台湾亚洲大学林磐耸教授提供了中国台湾社区活化案例和文创提升案例并带我实地考察；四川美术学院吕曦教授提供了非常优秀的交互设计服务案例；美国设计史学者 Stephen Goldstein 教授和中国美术学院汪芸老师为本文的标题、摘要等做了严谨的英文翻译，如果没有他们的热心协助，本文的活力会大大减少。

感谢与我共同完成设计实践的团队合作者们：陈正达、俞佳迪、周峰、陈柯、陈斗斗、郭锦涌、周波、王曙光、刘琳，同时感谢中国美术学院曹增节教授、余伟忠老师的实践指导与支持，文中诸多实践案例也都倾注过他们的心血。

参考文献

[1][美] 阿兰·B. 雅各布斯. 伟大的街道 [M]. 北京: 中国建筑工业出版社, 2008.

[2][美] 恰克·马丁. 决战第三屏: 移动互联网时代的商业与营销新规则 [M]. 北京: 电子工业出版社, 2012.

[3][美] 丹尼尔·李布斯金. 破土: 生活与建筑的冒险 [M]. 北京: 清华大学出版社, 2008.

[4][美] 大卫·哈维. 巴黎城记: 现代性之都的诞生 [M]. 桂林: 广西师范大学出版社, 2010.

[5][美] 唐纳德·A. 诺曼. 设计心理学 [M]. 北京: 中信出版社, 2003.

[6][美] 伊利尔·沙里宁. 城市: 它的发展、衰败与未来 [M]. 北京: 中国建筑工业出版社, 1986.

[7][美] 凯文·林奇. 城市意象 [M]. 北京: 华夏出版社, 2001.

[8][美] 李欧纳·科仁 .Wabi-Sabi: 给设计者、生活家的日式美学基础 [M]. 中国台北: 行人文化实验室, 2011.

[9][美] 刘易斯·芒福德. 城市发展史——起源、演变和前景 [M]. 北京: 中国建筑工业出版社, 2005.

[10][美] 林达·约翰逊. 帝国晚期的江南城市 [M]. 上海: 上海人民出版社, 2005.

[11][美] 马歇尔·伯曼. 一切坚固的东西都烟消云散了—— 现代性体验 [M]. 北京:
商务印书馆, 2003.

[12][美] 麦可·克鲁格, 保罗·兰德. 设计是什么——给年轻人的第一堂启蒙课 [M].
中国台北: 原点出版, 2010.

[13][美] 南·艾琳. 后现代城市主义 [M]. 上海: 同济大学出版社, 2007.

[14][美] 谢卓夫. 设计反思: 可持续设计策略与实践 [M]. 北京: 清华大学出版社,
2011.

[15][美] 尼尔·波兹曼. 娱乐至死 [M]. 桂林: 广西师范大学出版社, 2004.

[16][美] 斯皮罗·科斯托夫. 城市的形成: 历史进程中的城市模式和城市意义 [M].
北京: 中国建筑工业出版社, 2005.

[17][美] 理查德·桑内特. 肉体与石头: 西方文明中的身体与城市 [M]. 上海: 上
海译文出版社, 2010.

[18][美] 罗杰·特兰西克. 寻找失落空间——城市设计的理论 [M]. 北京: 中国建
筑工业出版社, 2008.

[19][美] 鲁道夫·阿恩海姆. 艺术与视知觉 [M]. 北京: 中国社会科学出版社,
1984.

[20][美] 威廉·J. 米切尔. 比特之城——空间·场所·信息高速公路 [M]. 北京: 生
活·读书·新知三联书店, 1999.

[21][美] 威廉·J. 米切尔. 伊托邦——数字时代的城市生活 [M]. 上海: 上海科技
教育出版社, 2005.

[22][美] 威廉·J. 米切尔. 我＋＋——电子自我和互联城市 [M]. 北京: 中国建筑
工业出版社, 2006.

[23][英] 安妮·切克, 保罗·米克尔斯维特. 可持续设计变革: 设计和设计师如何
推动可持续进程 [M]. 长沙: 湖南大学出版社, 2012.

[24][英] 贝维斯·希利尔, 凯特·麦金太尔. 世纪风格 [M]. 石家庄: 河北教育出版
社, 2002.

[25][英] 埃比尼泽·霍华德. 明日的田园城市 [M]. 北京: 商务印书馆, 2000.

[26][英] 爱德华·罗宾斯, 鲁道夫·埃尔 - 库利. 塑造城市——历史、理论、城市设计 [M]. 北京: 中国建筑工业出版社, 2010.

[27][英] 肯尼思·弗兰姆普顿. 现代建筑——一部批判的历史 [M]. 北京: 中国建筑工业出版社, 1988.

[28][英] 迈克·詹克斯, 伊丽莎白·伯顿, 凯蒂·威廉姆斯. 紧缩城市——一种可持续发展的城市形态 [M]. 北京: 中国建筑工业出版社, 2004.

[29][英] 帕特里克·格迪斯. 进化中的城市——城市规划与城市研究导论 [M]. 北京: 中国建筑工业出版社, 2012.

[30][英] 彼得·霍尔. 明日之城: 一部关于20世纪城市规划与设计的思想史 [M]. 上海: 同济大学出版社, 2009.

[31][英] 彼得·沃森. 20世纪思想史 [M]. 上海: 上海译文出版社, 2008.

[32][英] 理查兹. 未来的城市交通 [M]. 上海: 同济大学出版社, 2006.

[33][英] 罗素. 西方哲学史 [M]. 北京: 商务印书馆, 1963.

[34][英] 维克多·迈尔 - 舍恩伯格, 库克耶. 大数据时代: 生活、工作与思维的大变革 [M]. 杭州: 浙江人民出版社, 2013.

[35][法] 卡特琳·格鲁. 艺术介入空间: 都会里的艺术创作 [M]. 桂林: 广西师范大学出版社, 2005.

[36][法] 古斯塔夫·勒庞. 乌合之众: 大众心理研究 [M]. 北京: 中央编译出版社, 2004.

[37][法] 约翰·密尔. 论自由 [M]. 北京: 商务印书馆, 1959.

[38][法] 勒·柯布西耶. 光辉城市 [M]. 北京: 中国建筑工业出版社, 2011.

[39][法] 孟德斯鸠. 论法的精神 [M]. 北京: 商务印书馆, 1961.

[40][法] 罗兰·巴尔特. 符号学原理 [M]. 北京: 生活·读书·新知三联书店, 1988.

[41][法] 丹纳. 艺术哲学 [M]. 南京: 江苏文艺出版社, 2012.

[42][德] 安德烈亚斯·于贝勒. 导向系统设计 [M]. 北京: 中国青年出版社, 2008.

[43][加] 道格·桑德斯. 落脚城市: 最后的人类大迁移与我们的未来 [M]. 上海: 上海译文出版社, 2012.

[44][加] 简·雅各布斯. 美国大城市的死与生 [M]. 南京: 译林出版社, 2006.

[45][加] 南奥米·克莱恩. NO LOGO ——颠覆品牌全球统治 [M]. 桂林: 广西师范大学出版社, 2009.

[46][澳] 亚历山大·R. 卡斯伯特. 设计城市——城市设计的批判性导读[M].北京: 中国建筑工业出版社, 2011.

[47][丹] 扬·盖尔. 交往与空间 [M]. 北京: 中国建筑工业出版社, 2002.

[48][日] 藤本箕山, 九鬼周造, 阿部次郎. 日本意气 [M]. 长春: 吉林出版集团有限责任公司, 2012.

[49][日] 原研哉. 设计中的设计 [M]. 济南: 山东人民出版社, 2006.

[50][日] 隈研吾. 反造型——与自然连接的建筑[M].桂林: 广西师范大学出版社, 2010.

[51][日] 隈研吾. 负建筑 [M]. 济南: 山东人民出版社, 2008.

[52][日] 隈研吾. 自然的建筑 [M]. 中国台北: 博雅书屋有限公司, 2010.

[53][日] 山下和彦, 关田理惠. 美学企划力 [M]. 中国台北: 商周出版, 2009.

[54][日] 黑川雅之. 世纪设计提案——设计的未来考古学 [M]. 上海: 上海人民美术出版社, 2003.

[55][日] 能势朝次, 大西克礼. 日本幽玄 [M]. 长春: 吉林出版集团有限责任公司, 2011.

[56][日] 大西克礼. 日本风雅 [M]. 长春: 吉林出版集团有限责任公司, 2012.

[57][日] 田中一光. 设计的觉醒 [M]. 桂林: 广西师范大学出版社, 2009.

[58][日] 芦原义信. 街道的美学 [M]. 天津: 百花文艺出版社, 2006.

[59][日] 苍井夏树. 东京找灵感: 发现日本微差力 [M]. 中国台北: 大块文化出版股份有限公司, 2010.

[60][日] 苍井夏树. 日本: 美的远足 [M]. 中国台北: 大块文化出版股份有限公司, 2008.

[61] 曹炜. 中日居住文化: 中日传统城市住宅的比较 [M]. 上海: 同济大学出版社, 2002.

[62] 陈立旭. 都市文化与都市精神: 中外城市文化比较 [M]. 南京: 东南大学出版社, 2002.

[63] 池农深. 向往之城——慢食者与艺术家的16座城市再生运动 [M]. 中国台北: 麦浩斯出版, 2011.

[64] 褚冬竹. 荷兰的密码——建筑师视野下的城市与设计 [M]. 北京: 中国建筑工业出版社, 2012.

[65] 戴季陶. 日本论 [M]. 中国香港: 香港中和出版有限公司, 2013.

[66] 冯友兰. 中国哲学简史 [M]. 北京: 生活·读书·新知三联书店, 2009.

[67] 葛永海. 古代小说与城市文化研究 [M]. 上海: 复旦大学出版社, 2004.

[68] 辜鸿铭. 中国人的精神 [M]. 中国台北: 五南图书出版股份有限公司, 2008.

[69] 郭恩慈. 东亚城市空间生产——探索东京、上海、香港的城市文化 [M]. 中国台北: 田园城市文化, 2011.

[70] 国务院新闻办.《新疆生产建设兵团的历史与发展》白皮书 [EB/OL].（2014-10-05). http://www.scio.gov.cn/m/tt/Document/1382520/1382520.htm.

[71] 杭间. 设计的善意 [M]. 桂林: 广西师范大学出版社, 2011.

[72] 河清. 全球化与国家意识的衰微 [M]. 北京: 中国人民大学出版社, 2003.

[73] 黄亚生, 李华芳. 真实的中国: 中国模式与城市化变革的反思 [M]. 北京: 北中信出版社, 2013.

[74] 胡适. 中国哲学史大纲 [M]. 长沙: 岳麓书社, 2010.

[75] 蓝宇蕴. 都市里的村庄: 一个"新村社共同体"的实地研究 [M]. 北京: 生活·读书·新知三联书店, 2005.

[76] 李怀宇. 世界知识公民: 文化名家访谈录 [M]. 中国台北: 允晨文化实业股份有限公司, 2010.

[77] 李孝悌. 中国的城市生活 [M]. 北京: 新星出版社, 2006.

[78] 梁启超. 论中国学术思想变迁之大势 [M]. 上海: 上海古籍出版社, 2001.

[79] 梁思成, 陈占祥. 梁陈方案与北京 [M]. 沈阳: 辽宁教育出版社, 2005.

[80] 梁漱溟. 中国文化要义 [M]. 上海: 上海人民出版社, 2005.

[81] 梁漱溟. 东西文化及其哲学 [M]. 北京: 商务印书馆, 1999.

[82] 梁漱溟. 人心与人生 [M]. 上海: 上海人民出版社, 2005.

[83] 梁漱溟. 梁漱溟全集 [M]. 济南: 山东人民出版社, 2005.

[84] 梁雪. 三城记: 一个建筑师眼中的美国城市 [M]. 北京: 生活·读书·新知三联书店, 2004.

[85] 刘心武. 我眼中的建筑与环境 [M]. 北京: 中国建筑工业出版社, 1998.

[86] 马泉. 城市视觉重构——宏观视野下的户外广告规划 [M]. 北京: 人民美术出版社, 2012.

[87] 马克斯. 极地之光: 瑞典设计经济学 [M]. 中国台北: 大块文化出版股份有限公司, 2009.

[88] 牛文元. 中国新型城市化报告 2010[M]. 北京: 科学出版社, 2010.

[89] 欧阳友权. 网络传播与社会文化 [M]. 北京: 高等教育出版社, 2005.

[90] 钱理群. 乡风市声 [M]. 上海: 复旦大学出版社, 2005.

[91] 邱羿瑄, 彭永翔. 2015 台北大未来 [J]. La Vie, 2011, 90: 122-265.

[92] 石涛. 苦瓜和尚画语录 [M]. 济南: 山东画报出版社, 2007.

[93] 孙中山. 建国方略 [M]. 北京: 中国长安出版社, 2011.

[94] 王军. 城记 [M]. 北京: 生活·读书·新知三联书店, 2003.

[95] 王军. 采访本上的城市 [M]. 北京: 生活·读书·新知三联书店, 2008.

[96] 巫仁恕. 激变良民: 传统中国城市群众集体行动之分析 [M]. 北京: 北京大学出版社, 2011.

[97] 詹伟雄. 美学的经济——中国台湾社会变迁的 60 个微型观察 [M]. 中国台北: 联合发行股份有限公司, 2005.

[98] 张鸿雁. 城市形象与城市文化资本论——中外城市形象比较的社会学研究 [M]. 南京: 东南大学出版社, 2002.

[99] 许学强, 周一星, 宁越敏. 城市地理学 [M]. 北京: 高等教育出版社, 2009.

[100] 费孝通. 乡土中国 [M]. 北京: 人民出版社, 2008.

责任编辑：郑心怡
装帧设计：方雨婷　刘黄舒晨
责任校对：杨轩飞
责任印制：张荣胜

图书在版编目（ＣＩＰ）数据

用民主设计塑造城市精神：论中国城市形象的视觉
营造／韩绪著 . -- 杭州：中国美术学院出版社，
2023.2

　　ISBN 978-7-5503-2998-0

　　Ⅰ.①用… Ⅱ.①韩… Ⅲ.①城市－形象－视觉设计
－研究－中国 Ⅳ.① TU984.2

中国国家版本馆 CIP 数据核字 (2023) 第 029736 号

用民主设计塑造城市精神
——论中国城市形象的视觉营造

韩 绪 著

出 品 人：祝平凡
出版发行：中国美术学院出版社
地　　址：中国·杭州市南山路 218 号／邮政编码：310002
网　　址：http://www.caapress.com
经　　销：全国新华书店
制　　版：杭州海洋电脑制版印刷有限公司
印　　刷：浙江省邮电印刷股份有限公司
版　　次：2023 年 2 月第 1 版
印　　次：2023 年 2 月第 1 次印刷
印　　张：8
开　　本：787mm×1092mm　1/32
字　　数：200 千
印　　数：0001—1000
书　　号：ISBN 978-7-5503-2998-0
定　　价：88.00 元